UI 图标设计

从入门到精通 第2版

汪兰川　刘春雷　著

U0363481

人民邮电出版社

北　京

图书在版编目（CIP）数据

UI图标设计：从入门到精通 / 汪兰川，刘春雷著
. -- 2版. -- 北京：人民邮电出版社，2018.7
ISBN 978-7-115-48205-1

Ⅰ. ①U… Ⅱ. ①汪… ②刘… Ⅲ. ①人机界面—程序
设计 Ⅳ. ①TP311.1

中国版本图书馆CIP数据核字(2018)第063163号

内 容 提 要

近年来随着 UI 设计的发展，UI 界面风格变得极致简约之后，UI 图标的作用就凸显出来。本书从轻松进入 UI 图标设计流程、掌控图标创意原则、图标设计与软件操作、扁平化图标设计、质感图标的设计、用户角色图标设计到拟物化图标设计逐一讲解，使读者由浅入深，逐步了解使用 Photoshop 制作图标的整体设计思路和制作过程。

本书分为 10 章，结合实例展示操作方法与处理效果，全面系统地阐述了 UI 设计理念、创作过程、设计方法以及各类界面的设计技术等知识，以一个逐渐深化的方式为用户呈现设计中的重点门类和制作方法，使读者全面且深入地掌握各种类别图标的设计方法。全书按照知识点、实战案例、技术秘籍的结构来安排，同时穿插各种技术提示，结构清晰、讲解细致，结合 Photoshop 软件中常用的各种工具和方法，有针对性地剖析 UI 设计的设计思路和制作过程，学习与练习相结合，真正做到完全解析。

本书适合广大 UI 图标设计初学者以及有志于从事平面设计、UI 设计、图标设计、网页制作等工作人员使用，同时也可以作为各培训学校及大中专院校相关专业的教学参考书和各类培训班的学员工具书。

- ◆ 著　　　　　汪兰川　刘春雷
　　责任编辑　　陈聪聪
　　责任印制　　焦志炜
- ◆ 人民邮电出版社出版发行　　北京市丰台区成寿寺路 11 号
　　邮编　100164　　电子邮件　315@ptpress.com.cn
　　网址　http://www.ptpress.com.cn
　　河北画中画印刷科技有限公司印刷
- ◆ 开本：720×960　1/16
　　印张：21.25
　　字数：403 千字　　　　　　　　2018 年 7 月第 2 版
　　印数：5 101 – 8 100 册　　　　2018 年 7 月河北第 1 次印刷

定价：79.00 元

读者服务热线：(010)81055410　印装质量热线：(010)81055316
反盗版热线：(010)81055315
广告经营许可证：京东工商广登字 20170147 号

作者简介
ABOUT THE AUTHOR

汪兰川

辽宁沈阳人，1983 年 2 月出生，汉族，中共党员。沈阳建筑大学设计艺术学院讲师。现为辽宁省美术家协会会员，辽宁省动漫艺委会委员。

近年来，先后编著出版了《动画概论》《FlashCS3 从基础到应用》《动漫美术欣赏教程》《After Effects 应用教程》《Flash MV 制作》《包装色彩设计》《包装图形设计》等专著与教材，并在核心刊物发表多篇论文。主要工作业绩包括：漫画作品《中国式教育》获得第十一届全国美展入选奖；招贴设计获得首届及第二届辽宁省艺术设计作品展优秀奖；动画短片《寻城记》获得第二届辽宁省艺术设计作品展优秀奖、第一届辽宁省动漫作品展铜奖。

刘春雷

辽宁沈阳人。1978 年 4 月出生，汉族，中共党员。现任沈阳航空航天大学设计艺术学院视觉传达系主任，副教授，硕士研究生导师。

现为辽宁省美术家协会会员，中国包装联合会包装教育委员会委员，中国宇航协会会员，辽宁省包装联合会主任委员，中文核心期刊《包装工程》审稿专家，沈阳市青年美术家协会理事。

近年来，编著出版了《创意配色与设计》《纸品设计与制作工艺》《包装配色设计》《纸品创意与设计》《包装材料与结构设计》《包装设计印刷》《包装文字与编排设计》《包装造型创意设计》《构成艺术》《广告构图精粹》《现代动漫教程》等著作与教材 40 余部。绘画、设计作品连续入选第十届、第十一届全国美展，获得国家级、省级展览及其他各类奖项数十项。在学术期刊发表学术论文数十篇，主持科研项目数项。

前言
PREFACE

随着时代的发展、科技的进步，越来越多的移动终端设备出现在人们的日常生活中，极大地便利了人们的工作与生活。随着科学技术水平的不断提高，智能手机、平板电脑等高科技产品在生活中逐渐普及，越来越多有着丰富功能和独特定位的软硬件产品也不断出现，而界面优美、操作简易、使用方便的产品总是更受人们的欢迎，UI设计的概念也随之提出。UI即为用户界面，UI设计是指对软件的人机交互、操作逻辑、界面美观的整体设计，其主要目的是使软件有鲜明的特点且简单易操作，使界面更加美观，给用户带来不一样的视觉感受，拉近商品与用户间的距离。UI设计在科技飞速发展的今天，正在以非常快的速度被人们认可和熟知。UI设计不同于以往的设计，其注重以简约的形式将内容呈现在人们眼前。图标的设计是UI界面设计中最基本的要素。图标是以一种图像符号将用户的软件更加直观地表现出来，可以将每个软件清晰分开，方便用户操作软件。UI界面设计中的图标设计，可以将各种软件的表现形式以同类型的图标表现出来，使整个界面保持统一工整。图标设计的成功与否，还要看图标的设计是否能被用户接受。随着人们生活质量的提高，对UI界面设计的要求也越来越高。UI设计是多个学科特别是计算机技术与艺术之间深入结合的产物。在国际国内经济社会需求的大背景下，懂得UI设计的跨学科、复合型的专业人才将越来越受欢迎，所以，从加深与不同行业特别是新兴产业之间深入结合的这个思路出发，在今后的艺术设计专业发展上可以有更多的方向。

资源与支持

本书由异步社区（https://www.epubit.com/）出品，该社区为您提供相关资源和后续服务。

配套资源

本书提供如下资源：

● 本书素材文件请到异步社区的本书购买页面中下载。

要获得以上配套资源，请在异步社区的本书页面中点击 配套资源 ，跳转到下载界面，按提示进行操作即可。注意：为保证购书读者的权益，该操作会给出相关提示，要求输入提取码进行验证。

提交勘误

作者和编辑尽最大努力来确保书中内容的准确性，但难免会存在疏漏。欢迎您将发现的问题反馈给我们，帮助我们提升图书的质量。

当您发现错误时，请登录异步社区，按书名搜索，进入本书的页面，点击"提交勘误"，输入勘误信息，点击"提交"按钮即可。本书的作者和编辑会对您提交的勘误进行审核，在确认并接受后，您将获赠异步社区的 100 积分。积分可用于在异步社区兑换优惠券、样书或奖品。

扫码关注本书

扫描下方的二维码，您将会在异步社区微信服务号中看到本书信息及相关的服务提示。

与我们联系

我们的联系邮箱是 contact@epubit.com.cn。

如果您对本书有任何疑问或建议，请您发邮件给我们，并请在邮件标题中注明本书书名，以便我们更高效地做出反馈。

如果您有兴趣出版图书、录制教学视频，或者参与图书的翻译、技术审校等工作，可以发邮件给我们；有意出版图书的作者也可以到异步社区在线提交投稿（直接访问 www.epubit.com/selfpublish/submission 即可）。

如果您是学校、培训机构或企业，想批量购买本书或异步社区出版的其他图书，也可以发邮件给我们。

如果您在网上发现有针对异步社区出品图书的各种形式的盗版行为，包括对图书全部或部分内容的非授权传播，请您将怀疑有侵权行为的链接发邮件给我们。您的这一举动是对作者权益的保护，也是我们持续为您提供有价值的内容的动力之源。

关于异步社区和异步图书

"异步社区"是人民邮电出版社旗下 IT 专业图书社区，致力于出版精品 IT 技术图书和相关学习产品，为作译者提供优质的出版服务。异步社区创办于 2015 年 8 月，提供大量精品 IT 技术图书和电子书，以及高品质技术文章和视频课程。更多详情请访问异步社区官网 https://www.epubit.com。

"异步图书"是由异步社区编辑团队策划出版的精品 IT 专业图书的品牌，依托于人民邮电出版社近 30 年的计算机图书出版积累和专业编辑团队，相关图书在封面上印有异步图书的 LOGO。异步图书的出版领域包括软件开发、大数据、AI、测试、前端、网络技术等。

异步社区

微信服务号

目录
CONTENTS

第1章　UI 图标的定义与特征

2 第 章 制作金属质感的图标

3 第 章 制作一个扁平化风格的图标

4 第 章 制作一个拟物风格的图标

5 第 章 制作一个水晶质感的微信图标

第1章

UI图标的定义与特征

1.1　UI图标的定义

1.1.1　UI的定义

UI 即用户界面（User Interface）的英文缩写。图标（Icon）是具有指代意义或标识性质的图形。UI 设计则是指对软件的人机交互、操作逻辑、界面美观的整体设计。UI 是用户和某些系统进行交互方法的集合，这些系统不单单指电脑程序，还包括某种特定的机器设备、复杂的工具等。好的 UI 设计不仅是让软件变得有个性有品位，还要让软件的操作变得舒适、简单、自由，并充分体现软件的定位和特点。桌面图标是"软件标识"，UI 图标是"功能标识"，各类应用软件中的图标是"程序标识"。

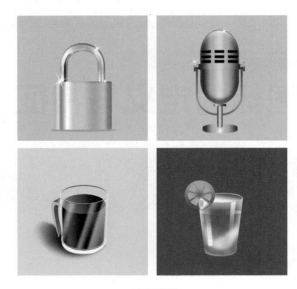

UI图标设计

今天，用户除了通过文本来获取程序信息，更主要的是通过图标来识别、理解界面，UI 图标设计就是将一定的含义转化为图形，或者说把文字语言"翻译"成图形语言，来达到数据标识、命令选择、模式信号、切换开关、状态指示等目的。UI 图标具有高度浓缩并快捷传达信息、便于记忆的特点。相比命令语言界面，图形用户界面的人机交互更多依赖视觉元素，不需要回忆系统指令，用户就可理解界面中图标所代表的含义，大大降低了记忆负荷。功能性指令文字的描述通常冗长、长短不一，而图标有着统一的大小规格，更节省屏幕空间，更易于界面布局规划。尤其是现在流行的掌上设备，图标使得屏内的人机信息交换量变大、形式变得更加丰富。

1.1.2 GUI设计

GUI（Graphical User Interface）的中文含义为人机交互图形化用户界面设计。GUI 是一种结合计算机科学、美学、心理学、行为学，以及各商业领域需求分析的人机系统工程，强调人→机→环境三者作为一个系统进行总体设计。这种面向客户的系统工程设计其目的是优化产品的性能，使操作更人性化，减轻使用者的认知负担，使其更适合用户的操作需求，直接提升产品的市场竞争力。纵观国际相关产业在图形化用户界面设计方面的发展现状，许多国际知名公司早已意识到 GUI 在产品方面产生的强大增值功能，以及带动的巨大市场价值，因此在公司内部设立了相关部门专门从事 GUI 的研究与设计，同业间也成立了若干机构，以互相交流 GUI 设计理论与经验为目的。随着中国 IT 产业、移动通信产业、家电产业的迅猛发展，在产品的人机交互界面设计水平发展上日显滞后，这对于提高产业综合素质，提升与国际同等业者的竞争能力等方面无疑起了制约的作用。

用户界面设计

1.2 UI图标的表现特征与分类

1.2.1 UI图标信息传递的高效性

图标具有高度浓缩并快捷传达信息、便于记忆的特性。相比命令语言界面，图形用户界面的人机交互更多的是依赖视觉元素，不需要回忆系统指令，用户就可理解界面中图标所代表的含义，大大降低了记忆负荷。图标之间的差异对比要比文本更强，这样有利于用户更快地定位到所需要的内容，提高视觉目标搜索的效率。

图标感知形成的基本流程

1.2.2 UI图标语义的通用性

虽然不同文化对某一图形含义的理解可能存有差异，但是图形符号还是比文字更加通用。对于有多国语言的软件界面设计，利用图标更易避免文字翻译的缺陷。同时，也可有效降低因开发不同语言版本所引起的成本。

UI图标超越了语言与文字的障碍与限制

1.2.3　UI图标布局的便利性

图标以明示或隐喻的方式传达其含义，图形蕴含语义的丰富性使得能在方寸之间实现冗长文本所要表达的含义。功能性指令文字的描述通常冗长、长短不一，而图标有着统一的大小规格，更节省屏幕空间，更易于界面布局规划。尤其是现在流行的掌上设备，图标使得屏内的人机信息交换量变大、形式变得更加丰富。

1.2.4　UI图标的种类

UI 图标按照其功能属性划分，可以分为"启动图标"和"工具栏图标"。

1．启动图标

启动就是代表产品的象征符号，通过用户的单击起到运行及打开产品及软件的作用。启动图标与标志设计相比有一定的相似之处，是产品或者企业的象征。但启动图标讲究可读性，而标志设计则更注重抽象和象征寓意并更多地从企业文化视角出发，强调寓意的深度。启动图标出现的平台单一，以电子屏幕为主，而标志可以出现在任何相关平台。

启动功能图标

2. 工具栏图标

工具栏图标就是软件及产品内部起到解说和装饰功能的图标，是工具文字化解释的图标化设计，以增强界面设计感的表达和用户体验的趣味性。简约、概括、传达性是工具栏图标的主要特点，系列化设计也是工具栏图标区别于启动图标的典型特征。

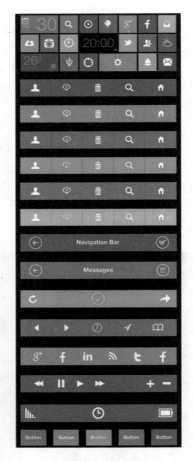

Windows操作系统工具栏图标

按照表现手法划分，可以分为"拟物化图标"和"扁平化图标"。

1. 拟物化图标

拟物化图标是指在最直观的印象上与实物尽可能地相像，通过造型、质感、文理、阴影等效果的运用对事物进行再现，让人可以一眼就看出来这是什么东西，有的可以表现得尽善尽美，有的可能就让人觉得过于追求细节，甚至是过剩的装饰。拟物化的设计也有一些致命的缺点，比如过分注重形式，缺乏功能性的展现。或是将时间大量花在各种效果的呈现上，忽略了形式美的表现。拟物化设计确实引领过 UI 设计的先锋阶段，功不可没，我们从中得到了更多经验的总结，也锻炼了很多设计技能，是设计师进行 UI 设计的必经阶段。

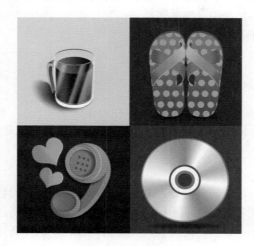

拟物化风格图标设计

2. 扁平化图标

扁平化图标是指摒弃高光、阴影和透视感的效果，通过抽象、简化、符号化的设计元素来表现。界面表现极简抽象，包括矩形色块、大字体、界面光滑、现代感十足，让你想去体会这是什么东西。其交互核心在于功能本身的使用，所以去掉了冗余的界面设计。扁平化是通过尽可能抽象的语言表现图标的符号化和简约化，更加注重造型的形式美的视觉语言而摒弃细枝末节的设计。扁平化图标多以简约的线条、形状、高级的渐变配色和元素的构成关系夺人眼球，简约而不简单。

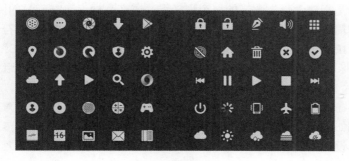

扁平化风格图标设计

1.3 UI图标释义方式与感知设计

图标准确释义是用户体验最为重要的衡量标准之一。好的图标设计，可以提高软件的普及程度与用户的认知速度。图标释义手段可遵循"明确释义""间接释义"与"语义叠加"3 种途径。通常利用象形图形、语标符号、表意图形、抽象符号、语义叠加的图形等方式来表现富含语义的图标利用图标语义引导用户行为是图标设计关键点。

1.3.1 明确释义

明确释义是指图形形象直接地说明其指代对象、功能标示、状态指示等含义。具体实施手段可表现为：象形图形、语标符号。

1．象形图形

象形图形是最基本、最典型的处理方式。图标与其所传达的含义有直接的、对应的关系。在表现名词性程序图标和功能语义时，采用象形图形是最有效直接的手段。下图为表示日历、时间、天气等名词性程序的图标。

象形图形图标设计

2．语标符号

语标符号是指蕴含特指含义的一个词（组）或产品标识（Logo）的图形符号。程序名称简称、专业术语缩写、产品 Logo 图像等均可归纳为语标符号。如下图所示，IE 浏览器的图标就是借用 Explorer 这个单词的首字母"E"，浏览器 Opera 图标取自其名称首字母"O"。随着网络语言的普遍流行，用户都认可 PS 为软件 Photoshop，AI 为软件 Illustrator 的简称。需要注意的是，这些语标符号需要在用户达成共识的基础上加以利用，否则，容易造成语义难以释义的情况。例如，VB、VC 可以作为编程语言的缩写，可以在一些面向专业人员的软件界面设计中使用，但对于没有相关认知的人群，这些缩写则很难将其释义传达给用户。

Explorer浏览器图标设计

Opera浏览器图标设计

1.3.2　间接释义

间接释义是指图标与其所表达的含义没有直接的对应关系，通过"意指""隐喻""寓意"等知觉类比方式将图标含义转换为视觉图形。根据现实世界已经存在的事物为蓝本，将人们对这些事物的认知联想运用到图标设计中，从而减少用户认知的难度。

间接释义是指导用户界面设计和实现的最通用手段。具体实施手段可表现为"表意图形""抽象符号"。

1. 表意图形

表意图形通过隐喻的方式来表述含义。隐喻是以"相似"和"联想"为基础的，即图标图形与其语义存在的某一相似之处，在处理将抽象的动词性文本转换为图标时较为有效。如保存文件、设置、搜索、录音这些动词性文字，可以通过联想、类比等思维方式，将语义关联为动作执行的对象或参与物等具象事物的图形。右图"放大镜"意为搜索图标。

表意图形图标设计

2. 抽象符号

一些数学、逻辑、科学、音乐、语言中的标点符号都可以作为抽象图形表示一定的含义。例如，标点符号中的问号"？"基于联想可与问题、答疑、帮助等语义关联起来，如下图所示。利用标点符号表达具有帮助、语音对话含义的图标，同样的例子还有很多，下图给出了利用抽象符号来表示一定含义的图标设计案例。有些抽象符号未必能使用户快速理解其内涵，如代表蓝牙和无线网络的图标。但是随着反复接触和视觉强化，用户已普遍认可这些符号的含义。

问号"？"图标表达了问题、答疑、帮助等相关语意信息

常见的抽象图形图标设计

选择图标要表现的形式时，要兼顾易识别性和原创性。最好的方式不是原创而是接受已有的方式。图标图形所表达出的暗释义，必须结合用户普遍认知、认可的心理基础，其内容才能真正被用户所理解。

3．语义叠加

语义叠加指综合、交叉运用明释义、暗释义等释义手段，传达语义更复杂或语义相似的系列图标含义。在设计一系列含义接近的图标时，可以组合一些已有的基础图标来得到含义更为丰富的图标。如下图所示，报纸可以作为与新闻有关的图标来使用，但是，当要设计更细分的国内新闻与国际新闻的图标时，单一的具象图形很难表示到位。这时结合地图可以叠加语义，使图标含义更丰富。

通过"地球仪"的图形语意，区分国内新闻与国际新闻的图标设计

1.3.3　UI图标的感知与情感化设计

UI 图标包括系统图标和应用图标，其表现形态有图形表现、文字表述、图形和文字相结合 3 种形式。从符号学的视角看，图标与界面的关系，即符号与符号、符号与背景之间的关系，不再是以往单纯图与底的关系，而是具有某种生活的内在联系。界面中的图标不仅是单纯的图形化视觉符号，更是界面的情感传达方式。这种具有情感化特征的符号学图标，代替了传统纸质图文说明的形式，引导用户在操作过程中正确应用各种 APP 软件，具有较强的亲和力。具有情感化的图标交互设计以人们的行为习惯作为人机交互设计的突破点，将图标设计成人们日常生活中常见、常用且具有直观性、表象化的图形，让用户在体验、参与交互设计时身心愉悦，从而满足使用者的情感需求。人类的感知系统主要分为听觉、味觉、视觉、触觉、味觉，而其中 90% 的感知是来源于视觉系统。界面产品的设计主要依靠的是用户利用"视觉刺激思维和人机交互处理模型"来达到人机互动从而达到传递或获取信息的结果，如下图所示。

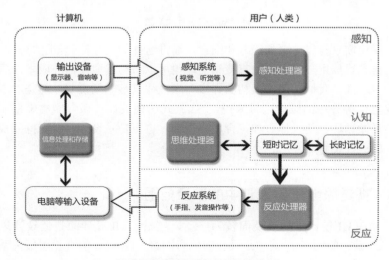

视觉刺激思维和人机交互处理模型

视觉设计是在 UI 设计中可用性和交互设计研究的综合体现。视觉思维是感知与思维、艺术与科学的结合，能将人类本能的视觉感知、图形设计以及视觉可视化联系起来。在达到使用功能设计的基础上，现代 GUI 设计已经成为辅助交互，满足用户感知需求、审美需求的和自我实现需求的功能性的视觉设计。用户交互体验设计与 UI 设计是以用户为中心的设计，是认知科学学会发起人之一唐纳德·亚瑟·诺曼（Donald Arthur Norman）所创立的研究室首创的。设计来源于用户的任务、目标与环境，整个设计过程重点是对定义的目标用户的全面理解，并且使其参与从开始到结束的整个设计过程中去。用户使用产品的感受反馈给设计开发商，设计开发商根据用户的交互体验感受对设计进行改良，如此的设计关系被业内称之为"螺旋式迭代设计关系"，如下图所示。

螺旋式迭代设计关系图

这种关系让需求与设计更加深入和细致，通过这样的交互体验设计方式，我们很容易得到目标用户对产品的直接感受，也可以节约研究评估的成本，更具有较佳的客观性。我们知道，最初的许多需求往往只是一纸说明，但是对于那些需要视觉任务分析的设计项目来说，"螺旋式迭代设计关系"能够带来需求与设计的良性循环，使设计更加符合用户需求，也正是对设计需要支持的视觉认知操作的更好理解。

1.3.4   视觉思维在UI设计中的涉及范围

视觉思维在 UI 设计中的涉及面较为广泛，包括了 UI 设计的整体设计风格及构图、UI 设计的图形语言、UI 设计的色彩因素、UI 设计的视觉层级关系设计和 UI 交互动画设计 5 方面内容，如下图所示。

视觉思维在 UI 体验设计中的涉及范围

通过视觉思维在 UI 设计中所涉及的方方面面与交互设计互相配合、融合应用，卓越的 UI 设计才能更加人性化地为用户提供更完美的交互体验。采用视觉思维为导向的 UI 设计能够帮助系统具提高实用性与可用性价值，并且提高用户的使用效率。

1.4　UI 图标设计原则与制作流程

UI 设计中，图标设计就是将特定的含义转化为图形，或者说把文字语言"翻译"成图形语言。UI 图标准确释义是用户体验最为重要的衡量标准之一。图标以明示或隐喻的方式传达其含义，图形蕴含语义的丰富性使得能在方寸之间实现冗长文本所要表达的含义。好的 UI 图标设计，可以提高软件的普及程度与用户的认知速度。作为界面设计的关键部分，图标在人机交互设计中无所不在。随着人们对审美、时尚、趣味的不断追求，图标设计也不断翻新花样，越来越多精美、新颖、富有创造力和想象力的图标充斥着我们的视界。可是，从可用性的角度讲，并不是越花哨的图标越被用户所接受，图标的可用性要回到它的基本功能去思考。图标的功能在于建立起计算机世界与真实世界的一种隐喻，或者映射关系。用户通过这种隐喻，自动理解图标背后的意义，跨越了语言的界限。但是，如果这种映射关系不能被用户轻松并且准确地理解，那么这种图标就不应是好的图标。因此，图标的设计应该遵守以下原则。

1.4.1　易用性原则

综合当前对现有主要 UI 设计分析，"以用户为中心"是整个设计的基本理念。

UI 产品首先要保证产品可用性，所以首先从"以用户为中心"的理念衍射出易用性原则。在易用性原则之下，通过对用户视觉规律、交互习惯的规律应用，来保证产品的可行性。以用户为中心的开发设计理念如下图所示。

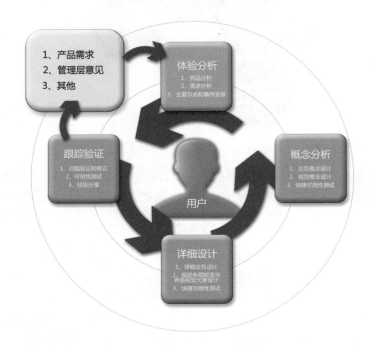

以用户为中心的开发设计理念

1.4.2　逻辑性原则

逻辑性即产品的交互思维，但是交互思维容易影响用户的操作思维。产品设计理念未完善之前所生产的产品的逻辑已经在前期用户心中根深蒂固，而新产品的革新不能与之前的产品出现断层，逻辑性的转变需要一个过渡，所以至今依然要遵循前代产品的逻辑性。例如，系统中也并非完全是产品，而是将前期产品与新产品进行了融合。

1.4.3　情感性原则

"以用户为中心"理念的最前期原则便是将冷漠的机器赋予情感，理念和拟物化设计就此诞生。情感化看似不重要，但是在产品品牌竞争中确实是一把利剑，情感化设计可以连同设计质量增加对用户的吸引力。所以，在不影响易用性的基础上增加趣味性可以给用户造成依赖感。

1.4.4　直观性原则

直观性之前多应用于类界面的设计。例如，网页信息的展示。直观性解决如何将信息更加直接地使人理解的问题，所以直观性设计意在缩短用户与信息之间的交互距离。直观性产品 UI 设计中的模块化设计便是最典型的直观性产品设计。

1.4.5　美观性原则

审美理想、审美欲望、审美追求是人与生俱来的，所以美观性也是"以用户为中心"的设计理念的衍生原则。在面对功能性本质的产品时，美观性设计却有着与功能性同等重要的位置。著名艺术评论家约翰·拉斯金曾说过"生命无视实业是罪孽，实业无美术是兽性"。美观性的设计不仅仅满足了用户的审美需求还可以提升产品的品质与情感性。

1.5　UI图标的设计要素

1.5.1　形态设计

"形态设计"是塑造图标形象的一个重要方面。"形"是图标的物质形体，是指图标的外形；"态"则指图标可感觉的外观形状和神态，也可理解为图标外观的表情因素。形态是塑造 UI 可视形象，与消费者进行视觉交流的最直接、最重要的信息载体。同时，形态是信息的载体，设计师通常利用特有的造型语言，进行图标的形态设计。利用图标特有形态向外界传达出设计师的思想和理念，消费者在选购产品时也是通过图标形态所表达出某种信息内容来判断和衡量与其内心所希望的是否一致，并最终做出判断。形态设计如右图所示。

卡通形态的图标设计

形态承载着产品的诸多信息，在 UI 图标设计过程中，设计师借助特殊的造型展开形态设计，通过特殊的形态实现设计师理念与思想的传递。设计师通常利用特有的设计语言，例如点、线、形的合理运用，尺度、形状、比例及其相互之间的构成关系操控、形体的分割与组合等，进行产品的形态设计，传递设计师的创意理念与思想。

1.5.2 色彩设计

色彩是最抽象化的语言，作为首要的视觉审美要素，色彩深刻地影响着人们的视觉感受和心理情绪圈。色彩设计在 UI 图标设计中处于十分重要的位置，承担着重要的信息传达任务，是塑造形象的关键。人类对色彩的感觉最强烈、最直接，印象也最深刻。色彩属于抽象化的语言，它是视觉审美要素中的一种，通过色彩能够体现人的心理情绪与视觉感受，因此，对于消费者而言，色彩对其影响是直接的、强烈的，进而将使消费者对产品的印象更加深刻。因此，在人们的生活与生产过程中，色彩是重要的，它具有一定的识别作用。同时，色彩具有较强的敏感性，还拥有一定的象征意义，对于消费者的影响是深远的。

色彩对产品意境的形成有很重要的作用，在设计中色彩与具体的形、质结合，才能使产品更具生命力。

从色彩的视觉心理角度分析，色彩相对于形和质来说更感性，它的象征作用和对消费者情感的影响力远大于形和质。物体的形状、空间的界限和区别等，都是通过色彩和明暗关系来反映的，人们必须借助于色彩才能认识世界、改造世界。因此，色彩在人们的社会生产、生活中具有十分重要的识别功能。色彩鲜活的图标设计如右图所示。

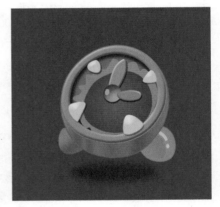

色彩鲜活的图标设计

1.5.3 材质设计

"材质设计"是构成产品的基本要素。材质，是直接被消费者视及和触及的对象，其外部形态与表面纹理、质感表现都直观地表达了产品形象。消费者可以从中获取产品的自然属性、科技属性和社会属性。材质是构成产品的基本要素，如果没有材质，我们所说的产品也就无从谈起。一方面，材质保证了产品的使用功能；另一方面，材质成为直接被消费者视及和触及的对象，其外部形态与表面纹理、质感等视、触觉要素都直观地表达了产品形象。

材质设计作为基本的要素构成了产品。消费者接触产品时，主要接触的对象便是产品的材质，如表面纹理与外部形态等，此时的质感直接传递着产品的形象。通过产品材质，消费者可以了解产品的属性，如自然属性、社会属性与科技属性等。UI图标的材质制作如下图所示。

UI图标的材质制作

1.6 UI图标设计流程

1.6.1 第一阶段——图标创意

根据项目需求确定图标的风格。在UI图标设计初始阶段，常用"风格评测"的方法来确定图标设计项目走什么风格路线。这也是项目前期用户研究的结果，有潜力的公司会制定"用户角色"，用来指导界面视觉风格方向、界面内容建构和交互设计等。当我们接到设计任务后，我们怎么开始设计图标呢？首先我们要看懂界面需求，对每个功能图标的定义要非常清楚，否则我们设计的结果将导致用户难以理解，这个也是图标设计所关心的可用性问题。理解功能需求后，我们要收集很多关于"词语→图形"之间能转化的元素，用生活中的物或其他视觉产品来代替所要表达的功能信息或操作提示。

1.6.2 第二阶段——绘制图标草图

这个阶段就是把我们的创意绘制出来，检验下视觉关系，也就是在视觉方面多在草图上推敲，这样效率较高，避免在渲染之后后悔。首先要确定图标透视，这关系到一套方案中的每个图标的透视方向，是在图标设计一致性方面的基本要求，首先做到透视统一，然后一步步添加细节。图标设计草图如下图所示。

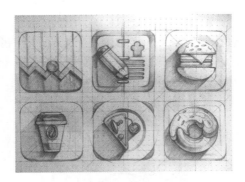

图标设计草图

1.6.3 第三阶段——草图制作与渲染

为恰当的界面设计任务制作恰当的图标小部件，首先可以帮助增强应用软件界面风格的一致性，同时也可以使得应用软件很容易构造。将草图绘制成可以应用的图标，需要相关制作软件的帮助。图标之间的"视觉差异对比"要比文本更强，这样有利于用户更快地定位到所需要的内容，提高视觉目标搜索的效率。虽然不同文化对某一图形含义的理解可能存有差异，但是图形符号还是比文字更加通用。对于 UI 界面设计而言，利用图标更易于避免文字翻译的缺陷。同时，图标也可有效降低因开发不同语言版本所引起的成本。计算机制作及渲染效果如下图所示。

计算机制作及效果渲染

1.6.4 UI设计流程及制作软件

在现有的 UI 设计流程中，包含着下面 4 个角色：产品经理、交互设计师、视觉设计师以及用户研究分析师。在一个完整的 UI 设计流程中，它们各自承担着不同的角色，相互协调，完成流程中的工作。现有 UI 设计流程的分工，其最终目的，就是通过不同专业、不同职责的设计角色使用其专业技能，合力打造一个优秀的产品，创造最大的产品价值。UI 设计流程如下图所示。

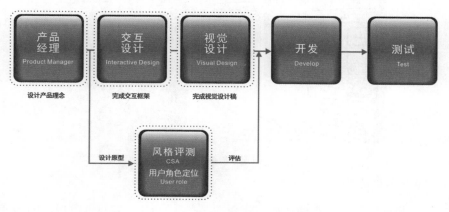

UI 设计流程

1. 产品概念设计阶段

在这个阶段，主要由产品经理负责。产品经理在这个阶段需要根据市场情况，竞争产品的状态以及结合自身公司的战略发展目标，对产品进行概念设计。通常情况下，在这个阶段产品经理需要输出产品设计初稿。在产品设计初稿中，产品设计的理念被表达出来，它不需要像交互设计师那样制作非常精确的 UI 布局，也不需要进行人机交互的规范，只需要表达出产品经理需要达到的产品意图即可。UI 设计初稿如下图所示。

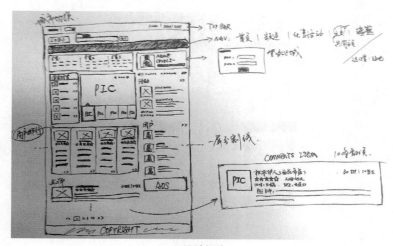

UI 设计初稿

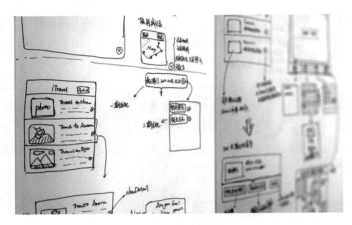

UI设计初稿（续）

2．UI 交互设计阶段

在产品概念设计的评审确认后，就会进入产品的 UI 交互设计阶段。UI 交互设计阶段需要融合两方面的元素，一方面是产品的功能，另一方面是产品所属平台的可用性和人机交互的规范性。UI 交互设计师需要将这两方面元素融入到产品的 UI 设计稿中，产品的可用性的优劣通常都在这个阶段体现出来。UI 交互设计层级如下图所示。

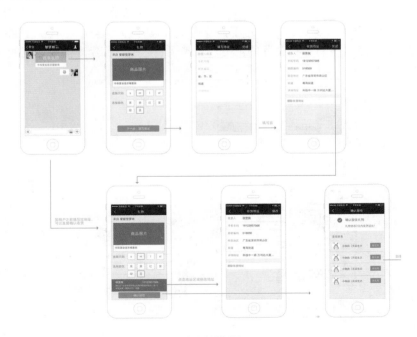

UI交互设计层级

3. UI 视觉设计阶段

在交互设计师完成 UI 的交互设计后，输出 UI 交互设计图。视觉设计师开始工作，设定视觉风格，输出视觉定稿，给到整个设计团队进行评审。在评审确认视觉定稿后，再输出视觉切图给到开发人员进行开发，来完成样稿（Demo）或者正式的产品工作。视觉设计师在这个阶段给予产品最为重要的特性——色彩。因此，对于在用户可以看到的产品层面上，几乎都是由视觉设计师完成的。视觉设计完成稿如下图所示。

视觉设计完成稿

4. 用户研究分析阶段

在这个阶段中，用户研究分析师们会利用上个阶段输出的 Demo，约谈用户，或者使用问卷的形式，来记录用户的反馈内容。通过这个环节，用户对产品的一些问题，被收集起来，一并反馈到产品 UI 设计团队中去。

1.6.5 UI 设计职位与分工

UI 设计流程中各个角色工具使用表

职位	使用工具与软件
产品经理	纸张、Axure
交互设计师	Firework、Axure
视觉设计师	Photoshop
用户研究分析师	问卷、原型

1. 产品经理

在整个 UI 设计的流程中，产品设计最初来源于产品经理。在进行产品设计时，他们需要考虑目标用户特征、竞争产品、产品是否符合公司的业务模式等诸多因素。产品经理负责设计产品理念，产品理念是通常需要结合用户需求和公司发展的战略目标进行设计。产品经理设计出来的产品理念，通常比较粗糙，只考虑到功能点，还未考虑到具体的人机交互的问题。当他们完成产品的初稿后，就会转交给交互设计师进行人机规范的设计。

好的产品设计理念需要既能满足用户的需求，也能为公司带来较好的盈利，符合公司短期或者长期发展的战略目标。一般而言，产品经理管理的是一个或者多个有形产品。但是，产品经理也可以用于描述管理无形产品，如音乐、信息和服务的人。有形产品行业产品经理的角色与服务业中的项目总监类似。

2．交互设计师

交互设计师的主要工作就是将产品经理的产品设计图，通过专业的人机交互技术，重新进行设计布局，让 UI 设计更加符合用户使用的习惯。同时，交互设计师也会对产品进行行为设计。行为设计是指各种用户操作后的效果设计，例如按钮按下后的表现形式应该是怎样的，这些 UI 行为都是需要进行行为设计。产品经理和交互设计师负责产品初期的交互行为，因为他们的工作经过抽象后有相似的设计需求，因此归类为一个角色，后续将统一为交互设计师角色。交互设计师负责完成 UI 交互稿。交互设计师通过专业的人机交互技术，完成软件界面 UI 布局设计，让里面的所有 UI 功能和操作更加符合用户使用的习惯。

3．视觉设计师

如果将交互设计师比喻为赋予 UI 设计骨骼行动的工程师的话，那么视觉设计师则是为 UI 设计生命色彩和个性的伟大创造者。视觉设计师通过 UI 交互稿进行色彩、尺寸、间距等控件进行设计，为产品带来色彩的生命力，最终输出视觉设计稿的角色。视觉设计师负责完成视觉稿，优秀的软件产品，首先就是要具备优秀的人机交互界面。视觉稿就是视觉设计师通过对完成人机交互设计的 UI 交互稿进行视觉美化的成果。UI 交互稿在设计时，是完全不考虑色彩搭配的，只考虑人机交互的逻辑，而视觉稿，更多的是去定义 UI 的尺寸和色彩，给软件产品注入生命色彩。

4．用户研究分析师

用户研究分析师负责验证产品设计是否符合用户的使用需求。通过使用软件原型，用户研究分析师们可以找到软件产品存在的设计缺陷，如 UI 按钮位置不符合用户预期，文字提醒没有满足用户认知，UI 色彩过于鲜艳等等这些问题，都需要用户研究分析师通过研究的手段，反馈到设计团队进行优化。

第2章

制作金属质感的图标

01 打开 PS，单击【文件】→【新建】。【名称】命名为齿轮，【宽度】和【高度】都设置为 16 厘米，【分辨率】为 300，【颜色模式】为 RGB。

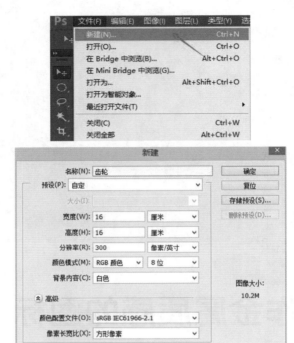

02 单击【设置前景色】，输入色值 dae6da。选择【油漆桶工具】，选择图层【背景】，单击画板上的任意位置，将背景变成灰蓝色的背景。

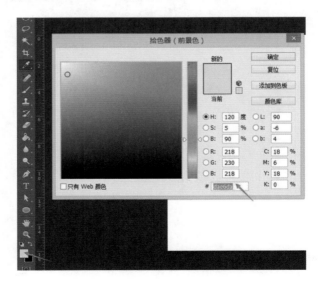

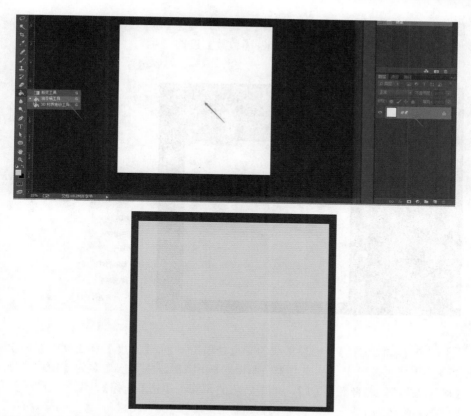

03 按 Ctrl+R 快捷键调出标尺，将参考线横向和纵向都拉到 8 厘米的位置，单击【设置前景色】将色值更改为 ffffff。

04 选择【多边形工具】，单击上方的小齿轮，勾选【星形】，单击画板，将【宽度】和【高度】都设置为12.5 厘米，【边数】设置为9。

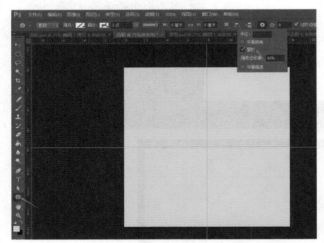

05 选择【椭圆工具】，在参考线的交点处单击一下，【宽度】和【高度】都设置为3.1 厘米，勾选【从中心】，画出一个正圆形，将图层命名为【1】。选择【魔棒工具】，选择图层【1】，单击白色的小圆，单击【选择】→【存储选区】，【名称】命名为1。

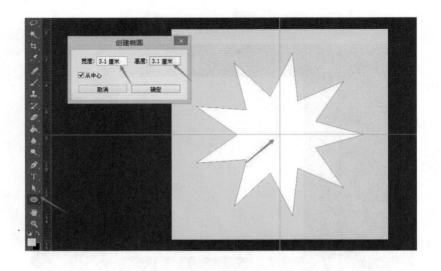

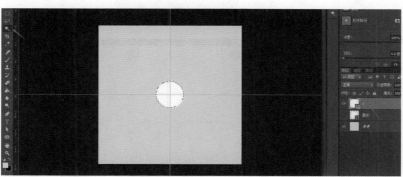

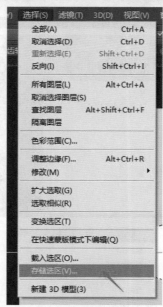

06 选择【椭圆工具】，在参考线的交点处单击一下，【宽度】和【高度】都设置为 5 厘米，勾选【从中心】，画出一个正圆形，将图层命名为【2】。选择【魔棒工具】，选择图层【2】，单击白色的小圆，单击【选择】→【存储选区】,【名

称】命名为 2。

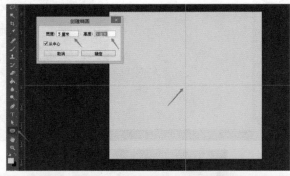

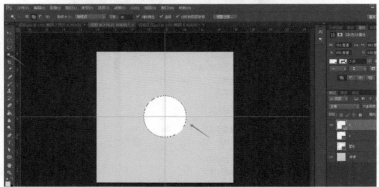

07 选择【椭圆工具】，在参考线的交点处单击一下，【宽度】和【高度】都设置为 7.2 厘米，勾选【从中心】，画出一个正圆形，将图层命名为【3】。选择【魔棒工具】，选择图层【3】，单击圆，单击【选择】→【存储选区】，【名称】命名为 3。

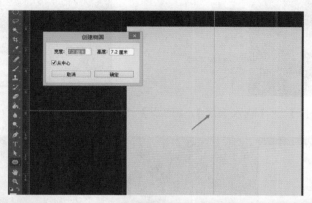

08 选择【椭圆工具】，在参考线的交点处单击一下，【宽度】和【高度】都设置为 9 厘米，勾选【从中心】，画出一个正圆形，将图层命名为【4】。选择【魔棒工具】，选择图层【4】，单击圆，单击【选择】→【存储选区】，【名称】命名为 4。

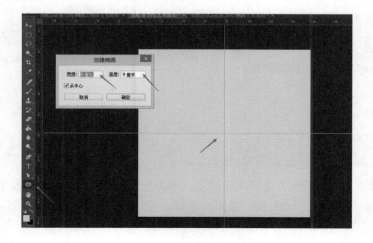

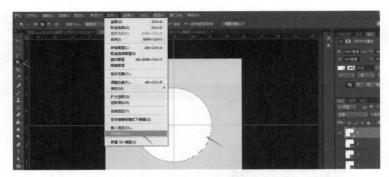

09 单击【选择】→【载入选区】，【通道】选择 4，单击【选择】→【反向】。

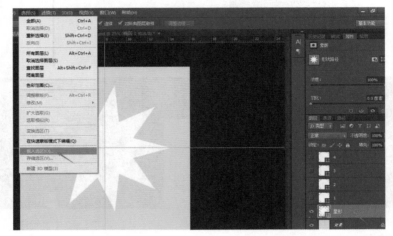

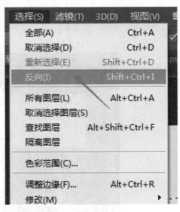

10 选择除图层【背景】之外所有图层，单击右键，选择【栅格化图层】。选择图层【星形】，单击 Delete 键。按住 Shift 键，同时选择图层【星形】和图层【3】，单击右键选择【合并图层】，命名图层为【3】。按 Ctrl+R 快捷键取消选择。

11 单击【选择】→【载入选区】，选择【通道】1，分别选择图层【1】和【4】。
单击 Delete 键，删除图层【1】和【4】。

⓬ 将图层【2】重新命名为【圆环】，将图层【3】重新命名为【齿轮】。

⓭ 选择图层【齿轮】单击右键选择【复制图层】，命名为【齿轮金属】。

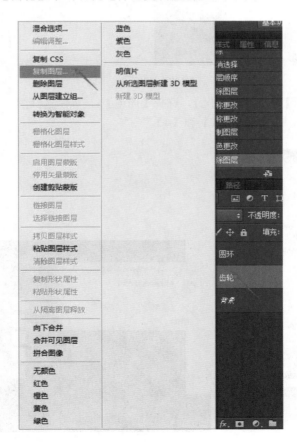

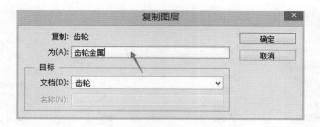

14 选择图层【齿轮金属】，单击右键选择【混合选项】，勾选【斜面和浮雕】,【样式】→【内斜面】,【方法】→【平滑】,【深度】设置为1000%,【大小】设置为 16 像素,【软化】设置为 0 像素，取消勾选【使用全局光】,【角度】设置为 120 度,【高度】设置为 50 度,【高光模式】→【线性减淡（添加）】,【不透明度】设置为 100%，色值为 898989,【阴影模式】色值为4b4e53。

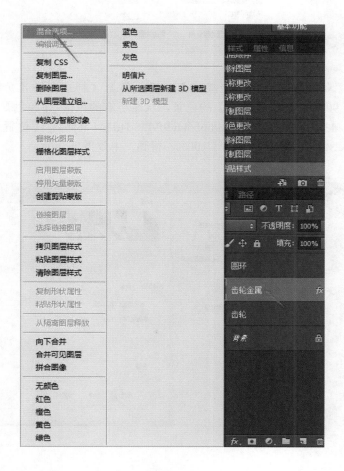

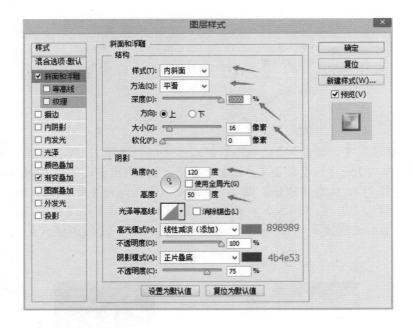

15 勾选【渐变叠加】,【混合模式】→【正常】,【样式】→【角度】,【角度】选择 90 度,单击【渐变】的色条,从左至右的色标,【颜色】色值分别为 a6a6a6/dedede/eaeaea/d8d8d8/b6b6b6/9f9f9f/d4d4d4/a5a5a5,【位置】分别为 0%/16%/32%/46%/60%/74%/80%/100%,得到图中效果。

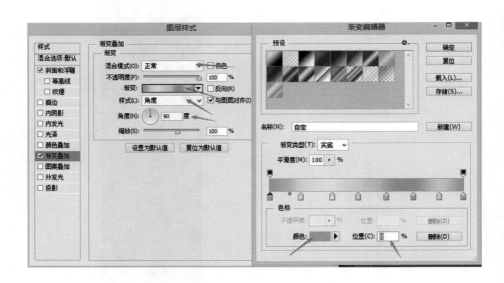

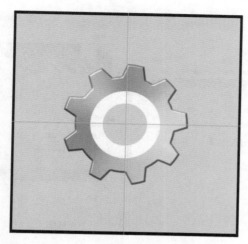

16 选择图层【齿轮】单击右键选择【复制图层】命名为【齿轮阴影】。按 Ctrl+T 快捷键选择图层【齿轮阴影】，按住 Shift 键，将图形放大。

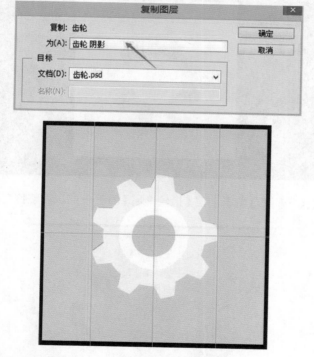

17 选择图层【齿轮阴影】，单击右键选择【混合选项】，勾选【渐变叠加】，【样式】→【线性】，【角度】选择 90 度，单击【渐变】的色条，从左至右的色标，【颜色】色值分别为 5d606a/989aac/5a5d71/a5a8b2，【位置】分别为 0%/64%/81%/100%。

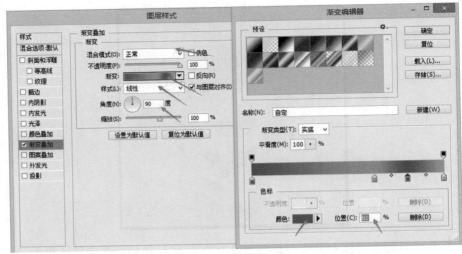

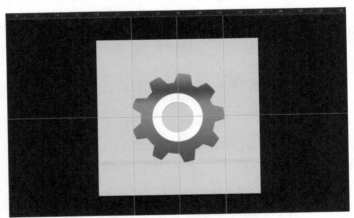

⑱ 将图层【齿轮阴影】置于图层【齿轮金属】的下一层，调整位置到图中效果。

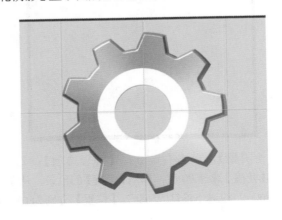

19 用【钢笔工具】框选多余的部分，单击右键选择【建立选区】，选择图层【齿轮阴影】单击 Delete 键删除选区，得到下图。

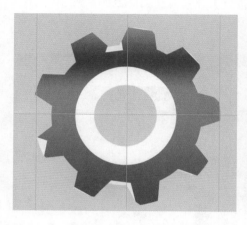 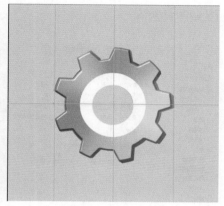

20 选择图层【圆环】，单击右键选择【混合选项】，选择【斜面和浮雕】，【样式】→【外斜面】,【方法】→【雕刻清晰】,【深度】设置为 276%,【大小】设置为 1 像素,【软化】设置为 0 像素,【角度】设置为 120 度,【高度】设置为 30 度,【高光模式】色值为 e8f0f5,【阴影模式】色值为 dbe2e7。

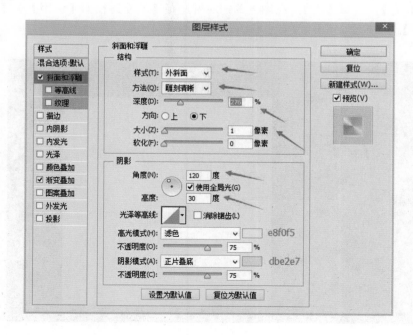

21 勾选【渐变叠加】,【样式】选择线性,【角度】选择 −170 度, 单击【渐变】的色条, 从左至右的色标,【颜色】色值分别为 9999999/ecececc/afafaf/b4b3b3/c0c0c0/e8e8e8/afafaf/adadad/999999,【位置】分别为 5%/15%/25%/38%/51%/63%/76%/88%100%。

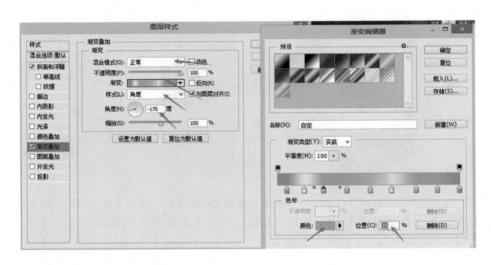

22 选择【钢笔工具】勾出图中轮廓。单击【创建新图层】, 将图层命名为【右高光】, 选择【内】, 在图上单击右键选择【填充路径】,【使用】→【前景色】。

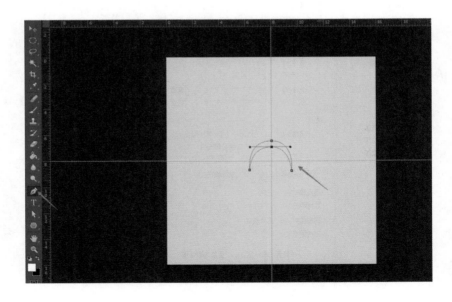

23 选择图层【内】，单击右键选择【混合选项】，勾选【渐变叠加】,【样式】→【线性】,【角度】选择 0 度，单击【渐变】的色条，从左至右的色标，【颜色】色值分别为 5c5c5d/d2d2d2/b3b3b3/d7d7d7/696969/575758/fcfcfc,【位置】分别为16%/37%/50%/63%/83%/96%/100%，得到下图。

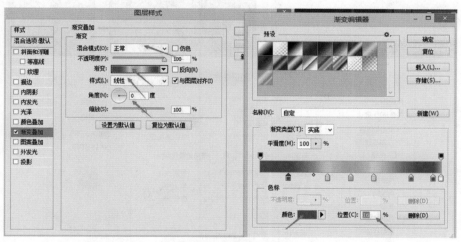

24 选择图层【齿轮】单击右键复制图层，命名为【阴影】，单击右键选择【混合选项】，勾选【投影】，【混合模式】→【正片叠底】，颜色色值为 1b1b1b，【不透明度】设置为 50%，【角度】设置为 90 度，【距离】设置为 32 像素，【扩展】设置为 36%，【大小】设置为 42 像素。

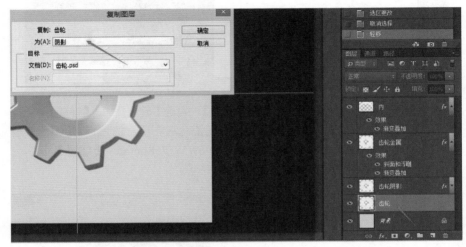

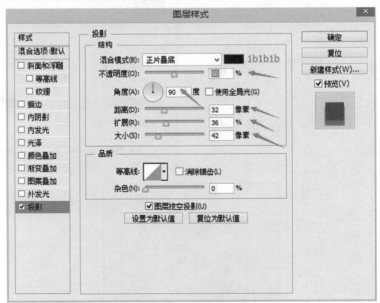

25 将图层顺序调整为下图，选择除图层【内】之外的所有图层，按 Ctrl+R 快捷键选择，按住 Shift 键顺时针旋转 15 度。

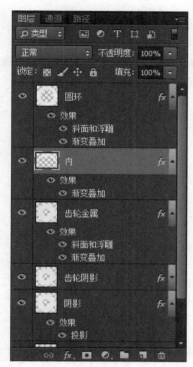

26 完成效果如下图所示。

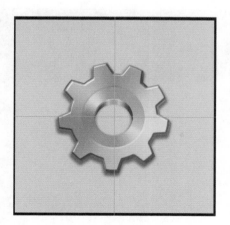

第3章

制作一个扁平化风格的图标

01 打开 PS，单击【文件】→【新建】。【名称】命名为对号图标,【宽度】和【高度】都设置为 16 厘米,【分辨率】为 300,【颜色模式】为 RGB。

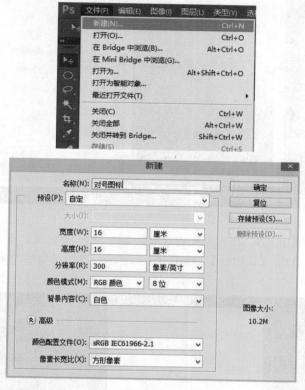

02 按 Ctrl+R 快捷键调出标尺，将参考线横向和纵向都拉到 8 厘米的位置。

03 单击【设置前景色】输入色值 e3e3e3。

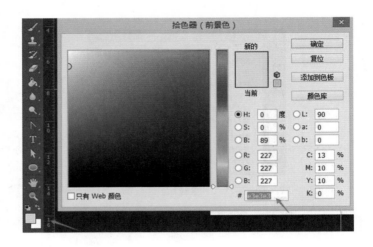

04 选择【椭圆工具】，在参考线的交点处单击一下，【宽度】和【高度】都设
置为 8 厘米，勾选【从中心】，画出一个正圆形，将图层命名为【外】。

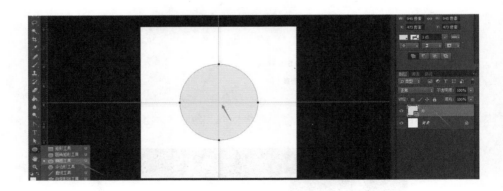

05 选择图层【外】，单击右键选择【混合选项】，勾选【斜面和浮雕】，勾选
【等高线】,【样式】→【内斜面】,【方法】→【平滑】,【深度】设置为 1%,【大
小】设置为 25 像素。取消勾选【使用全局光】,【角度】设置为 120 度,【高度】
设置为 25 度。【光泽等高线】→【环形】，勾选【消除锯齿】。【高光模式】→【颜
色减淡】。【阴影模式】色值为 bdbdbd,【不透明度】设置为 60%。【等高线】→【等
高线】→【高斯】，勾选【消除锯齿】。

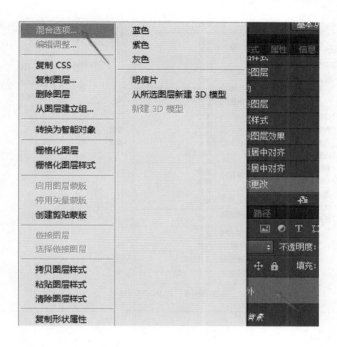

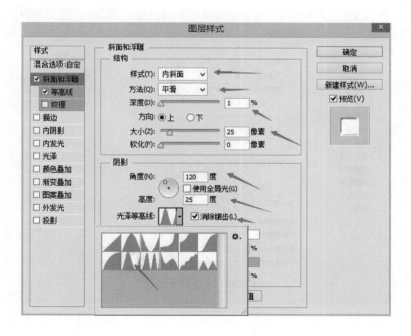

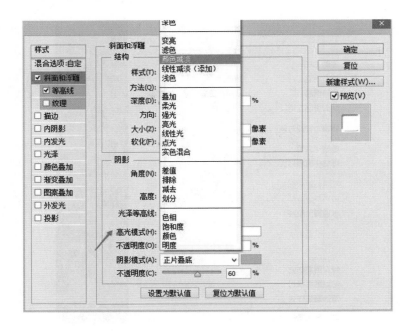

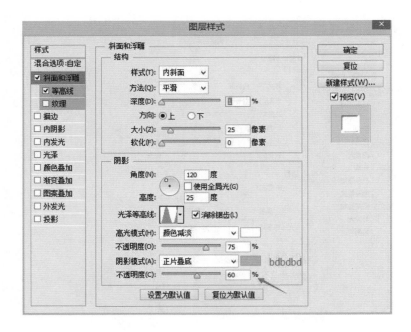

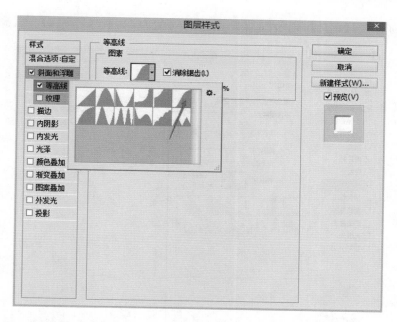

06 勾选【内阴影】,【不透明度】设置为 50%, 取消勾选【使用全局光】,【角度】设置为 120 度,【距离】设置为 5 像素,【大小】设置为 22 像素。

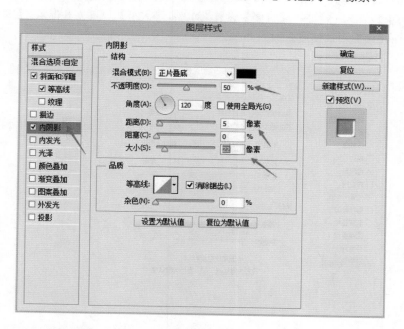

07 勾选【光泽】,【混合模式】颜色色值为 bfbfbf,【不透明度】设置为 50%,【角度】

设置为 19 度,【距离】设置为 6 像素,【大小】设置为 7 像素,【等高线】→【高斯】。

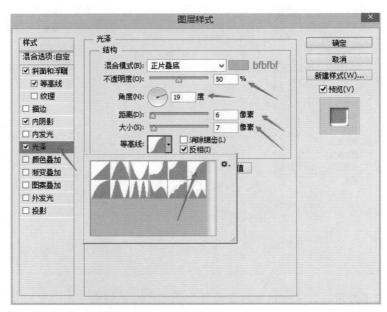

08　勾选【投影】,【混合模式】颜色色值为 1b1b1b,【不透明度】设置为 55%,【距离】设置为 15 像素,【扩展】设置为 12%,【大小】设置为 8 像素。【混合选项】→【填充不透明度】改为 40%。

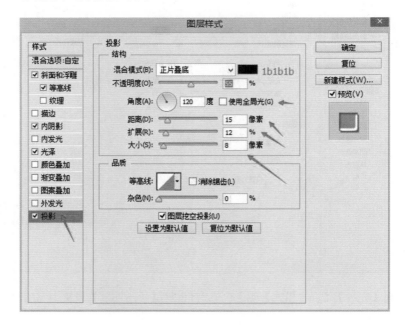

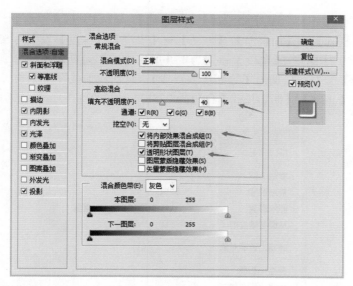

09 选择【椭圆工具】，在参考线的交点处单击一下，【宽度】和【高度】都设置为 6.8 厘米，勾选【从中心】，画出一个正圆形，将图层命名为【内】。单击工具栏中的【填充】→【拾色器】，输入色值 aaaaaa。

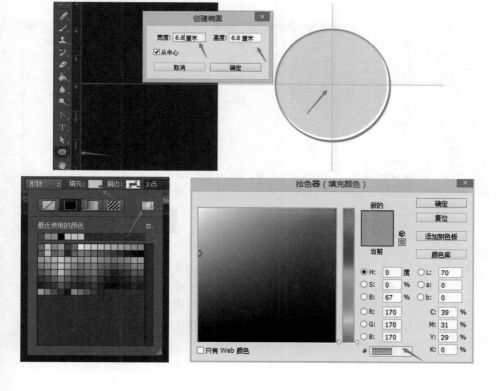

10 选择图层【外】，单击右键选择【混合选项】，勾选【斜面和浮雕】，勾选【等高线】，【样式】→【内斜面】，【方法】→【平滑】，【深度】设置为 52%，【大小】设置为 21 像素。【角度】设置为 120 度，【高度】设置为 30 度。双击【光泽等高线】旁的窗口调出【等高线编辑器】，将曲线调成图中的位置。【高光模式】→【正常】。【阴影模式】色值为 075174。

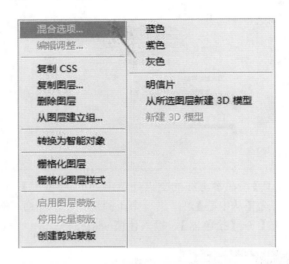

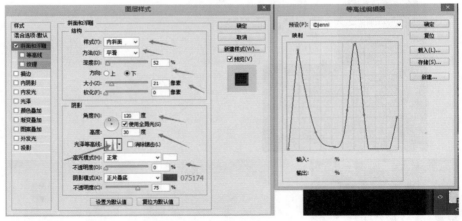

11 勾选【描边】，【大小】设置为 8 像素，【位置】→【内部】，【样式】→【线性】，单击【渐变】旁的色条，单击颜色条添加色标，单击色标，再单击下方【颜色】旁的色板，输入色值，单击【位置】数值，更改色标位置。从左至右的色标，【颜色】色值分别为 f2f5f7/e5ebee/e5ebee/f6f8f9/bccad3，【位置】分别为 0%/51%/51%/99%/99%。

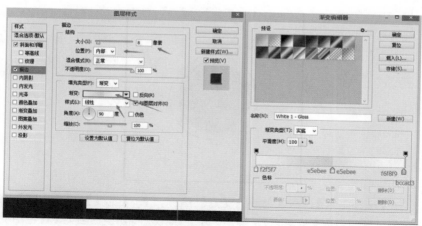

12 勾选【内发光】,【混合模式】→【滤色】,单击颜色色板,色值为 ffffbe,【大小】为 5 像素。

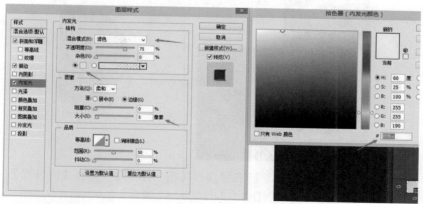

13 勾选【颜色叠加】色值为 0065ad,得到如下图形。

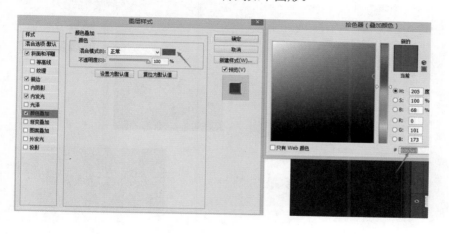

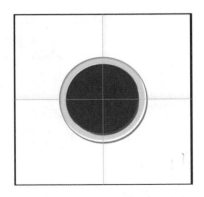

14 选择【椭圆工具】，在参考线的交点处单击一下，【宽度】和【高度】都设置为 6.3 厘米，勾选【从中心】，画出一个正圆形，将图层命名为【蓝色渐变】。

15 选择图层【蓝色渐变】，单击右键选择【混合选项】，勾选【内发光】，单击颜色面板，色值为 094989，【大小】设置为 27 像素。

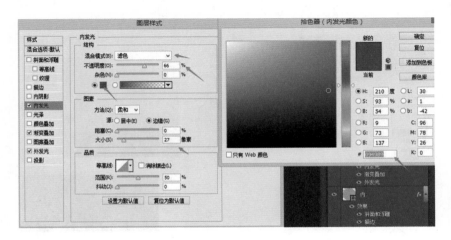

16 勾选【渐变叠加】，【样式】→【线性】，【角度】选择 90 度，单击【渐变】的色条，选择左侧的色标，【颜色】色值为 80d7ed，【位置】为 30%。选择右侧的色标，【颜色】色值为 0a4f96，【位置】为 100%。

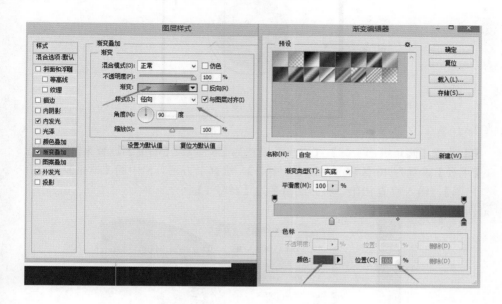

17 勾选【外发光】，单击颜色面板，色值为 000000，【大小】为 15 像素。

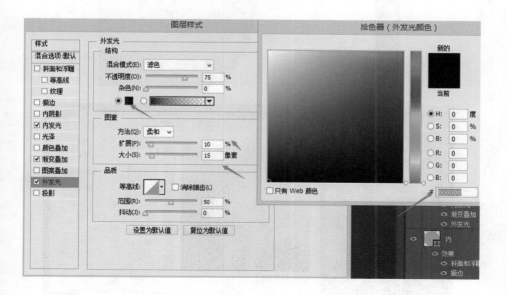

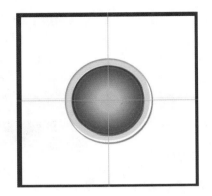

18 选择【圆角矩形工具】，【宽度】设置为 2.6 厘米，【高度】设置为 0.7 厘米，【半径】设置为 40 像素，勾选【从中心】。选择上方工具栏中的【填充】→【拾色器】，输入色值 ffffff，将图层命名为【对号 1】。

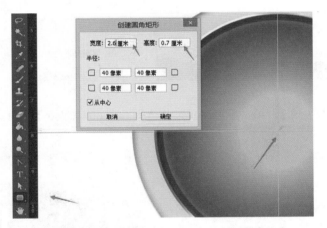

19 选择【圆角矩形工具】,【宽度】设置为 4 厘米,【高度】设置为 0.7 厘米,【半径】设置为 40 像素,勾选【从中心】,将图层命名为【对号 2】。

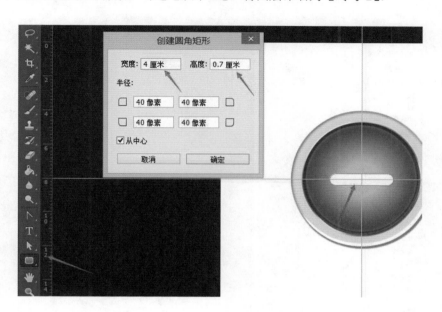

20 选择图层【对号 1】,按 Ctrl+T 快捷键,之后按住 Shift 顺时针旋转 45 度,之后选择【移动工具】→【应用】。选择图层【对号 2】,按 Ctrl+T 快捷键,之后按住 Shift 逆时针旋转 45 度,之后选择【移动工具】→【应用】。

21 选择图层【对号 1】同时按住 Shift 键,选中图层【对号 2】,单击右键,选择【合并形状】,命名为【对号】。用【移动工具】移动对号的位置,得到下图。

22 选中图层【对号】，单击右键选择【混合选项】，勾选【描边】，【大小】设置为 5 像素，【位置】→【外部】，【填充类型】→【颜色】，单击【颜色】面板，输入色值为 148639。

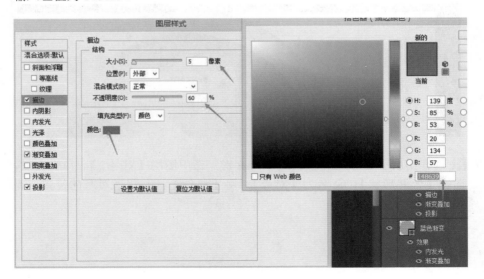

23 勾选【渐变叠加】,【样式】→【线性】,【角度】选择 90 度,单击【渐变】
的色条,选择左侧的色标,【颜色】色值为 85d420,【位置】为 0%。添加中间
的色标,【颜色】为 c0f531,【位置】为 50%,选择右侧的色标,【颜色】色值
为 5dac0a,【位置】为 100%。

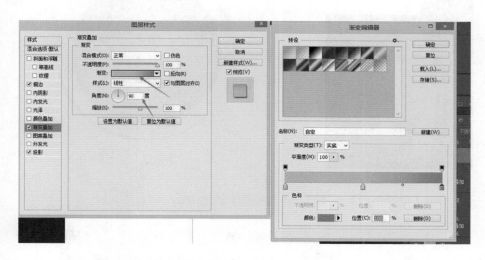

24 勾选【投影】,【混合模式】颜色色值为 0b4700,【不透明度】设置为 75%,
【距离】设置为 12 像素,【扩展】设置为 9%,【大小】设置为 10 像素。

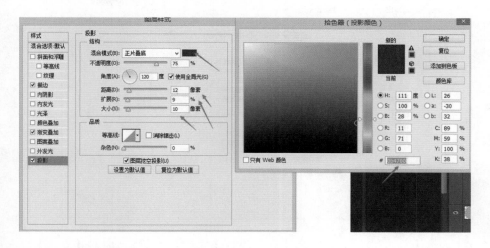

25 选择【椭圆工具】,在参考线的交点处单击一下,【宽度】和【高度】
都设置为 6 厘米,勾选【从中心】,画出一个正圆形,将图层命名为【高
光 1】。

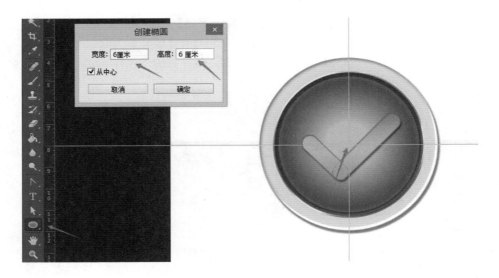

26 单击【混合选项】→【填充不透明度】改为 0%。

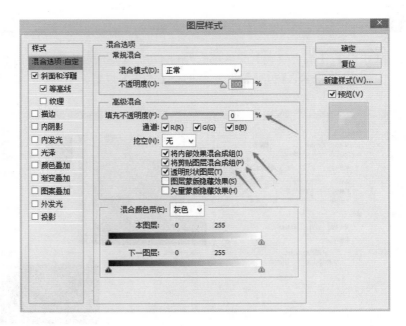

27 勾选【斜面和浮雕】，勾选【等高线】，【样式】→【内斜面】，【方法】→【平滑】，【深度】设置为 80%，【大小】设置为 250 像素，【角度】设置为 120 度，【高度】设置为 30 度，【高光模式】→【正常】，【不透明度】设置为 60%，【阴影模式】色值为 0000000，【不透明度】设置为 77%。

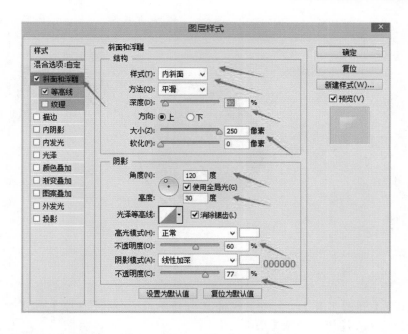

28 【等高线】→【等高线】单击窗口调出等高线编辑器，将曲线调成下图。

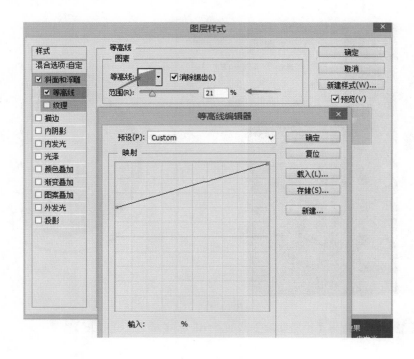

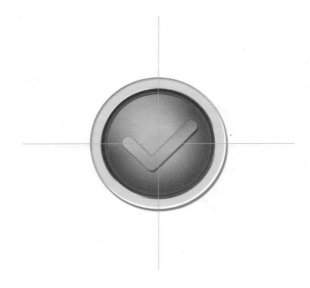

29 选择【椭圆工具】，在参考线的交点处单击一下，【宽度】和【高度】都设置为 6.5 厘米，勾选【从中心】，画出一个正圆形，将图层命名为【高光 2】。

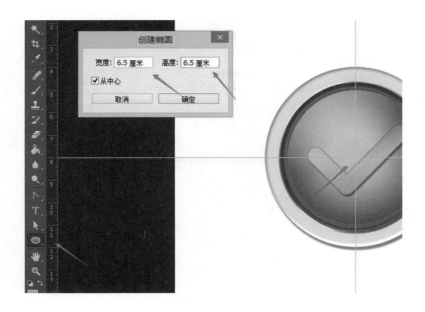

30【混合选项】→【不透明度】设置为 60%，【填充不透明度】改为 0%。

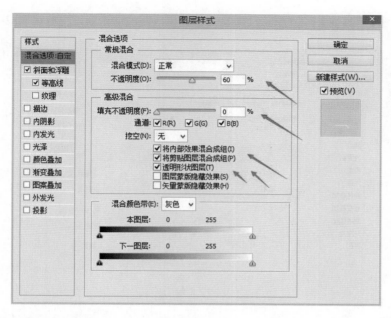

31 勾选【斜面和浮雕】,【样式】→【内斜面】,【方法】→【平滑】,【深度】设置为 75%,【大小】设置为 28 像素,【角度】设置为 120 度,【高度】设置为 65 度,【光泽等高线】→【环形】,【高光模式】→【滤色】,【阴影模式】色值为 ffffff,【不透明度】设置为 75%。

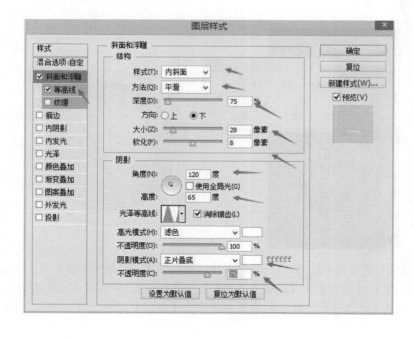

32 勾选【等高线】→【等高线】单击窗口调出等高线编辑器，将曲线调成下图。

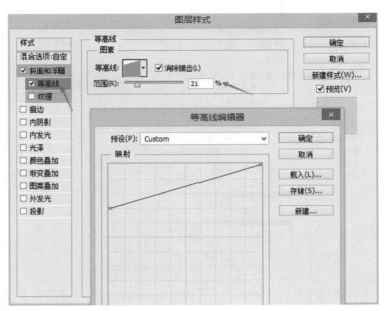

33 选择【矩形工具】，在参考线的交点处单击一下，【宽度】设置为5.5厘米，【高度】设置为0.5厘米，取消勾选【从中心】，画出一个矩形，将图层命名为【底1】。

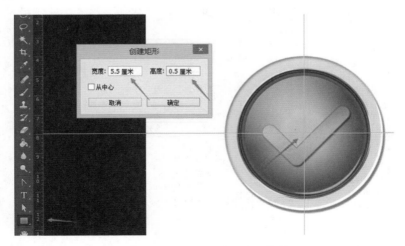

34 选择图层【底1】，单击右键选择【混合选项】，勾选【描边】，【大小】设置为2像素，【位置】→【外部】，【样式】→【线性】，单击【渐变】旁的色条，单击颜色条添加色标，单击色标再单击下方【颜色】旁的色板，输入色值，单

击【位置】数值，更改色标位置。左边色标【颜色】为 164302,【位置】为 0%。
右边色标【颜色】为 7bfb1b,【位置】为 100%。

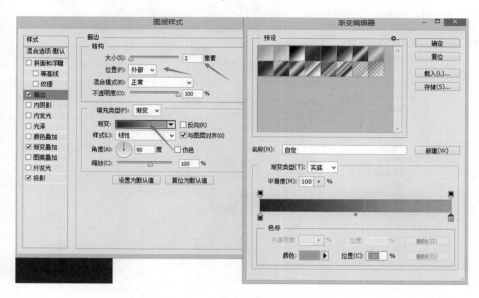

35 勾选【渐变叠加】,【样式】→【线性】,【角度】选择 90 度，单击【渐变】
的色条，选择左侧的色标,【颜色】色值为 1c8a00,【位置】为 0%，选择中间
的色标,【颜色】色值为 d1ff80,【位置】为 70%。选择右侧的色标,【颜色】
色值为 b3ff74,【位置】为 100%。

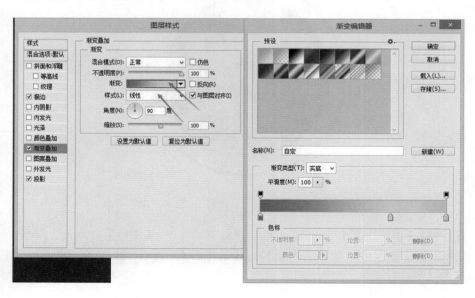

36 勾选【投影】,【不透明度】更改为 60。

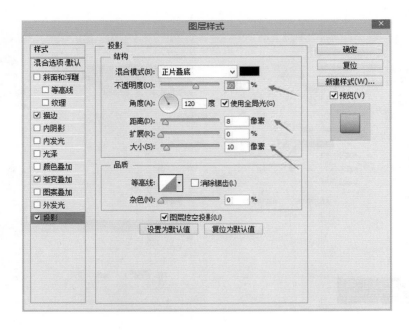

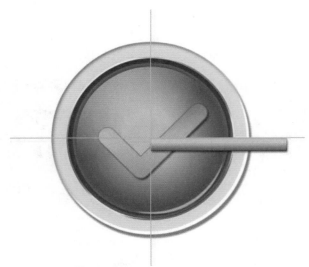

37 选择【矩形工具】,在参考线的交点处单击一下,【宽度】设置为 2 厘米,【高度】设置为 0.65 厘米,取消勾选【从中心】,画出一个矩形,将图层命名为【底 2】。

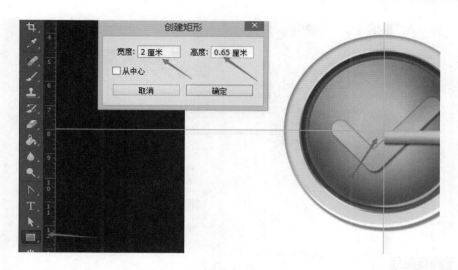

38 选择图层【底2】，单击右键选择【混合选项】，勾选【描边】，【大小】设置为2像素，【位置】→【外部】，【样式】→【线性】，单击【渐变】旁的色条，单击颜色条添加色标，单击色标再单击下方【颜色】旁的色板，输入色值，单击【位置】数值，更改色标位置。左边色标【颜色】为45483e，【位置】为0%。右边色标【颜色】为e6ebec，【位置】为100%。

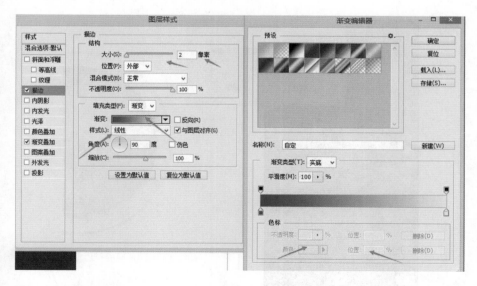

39 勾选【渐变叠加】，【样式】→【线性】，【角度】选择90度，单击【渐变】的色条，从左至右的色标，【颜色】色值分别为6d7969/e7ece0/f9ffec/f4f9e4，【位置】分别为0%/70%/83%/100%。

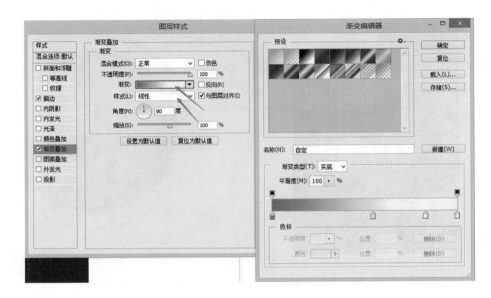

40 选择【矩形工具】，在参考线的交点处单击一下，【宽度】设置为 0.7 厘米，【高度】设置为 0.8 厘米，取消勾选【从中心】，画出一个矩形，将图层命名为【底 3】。

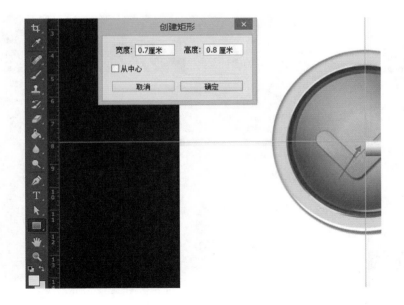

41 选择【添加锚点工具】，在图中的 3 个位置添加锚点，选择【删除锚点工

具】，将下面的两个锚点上分别点一下，删除这两个锚点，选择【转换点工
具】，在新添加的 3 个锚点分别点一下，形成如下图形。

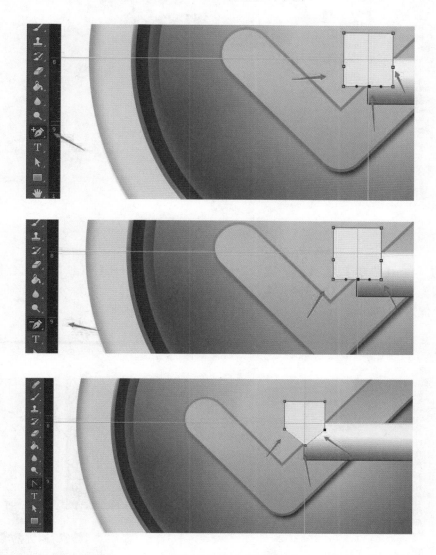

42 选择图层【底 3】，单击右键选择【混合选项】，勾选【渐变叠加】，【样式】
→【线性】，【角度】选择 0 度，单击【渐变】的色条，从左至右的色标，【颜
色】色值分别为 a6a6a6/ffffff/d644d0/969395/a6a6a6，【位置】分别为 0%/15%/
30%/60%/100%。

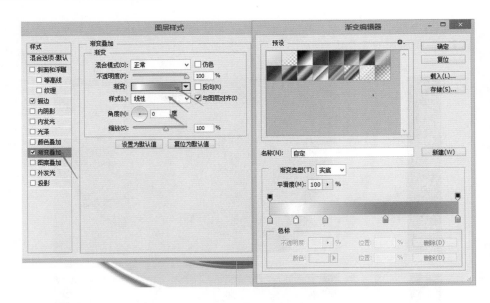

43 勾选【描边】,【大小】设置为 2 像素,【位置】→【外部】,【混合模式】→【正常】,【填充类型】→【颜色】,【不透明度】设置为 58%,【颜色】色值为 a6a6a6。

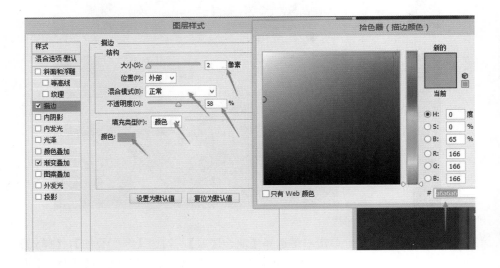

44 调整图层顺序,如下图所示。

45 制作完成。

第4章

制作一个拟物风格的图标

01 打开 PS，单击【文件】→【新建】。【名称】命名为咖啡，【宽度】和【高度】都设置为 16 厘米，【分辨率】为 300，【颜色模式】为 RGB。

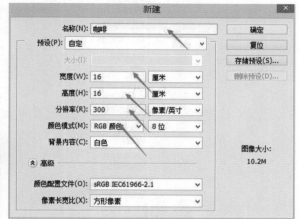

02 选择【椭圆工具】，单击画板，【宽度】设置为 13 厘米，【高度】设置为 7.5 厘米，画出一个椭圆形，将图层命名为【盘子】。

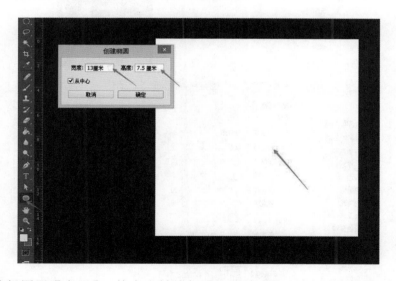

03 选择图层【盘子】，单击右键选择【混合选项】，选择【斜面和浮雕】，【样式】→【内斜面】，【方法】→【平滑】，【深度】设置为 100%，【大小】设置为 22 像素，【软化】设置为 16 像素，取消勾选【使用全局光】，【角度】设置为 120 度，【高度】设置为 25 度，【光泽等高线】→【环形—双】，【阴影模式】色值为 4b4b4b，【阴影模式】色值为 baa89c。

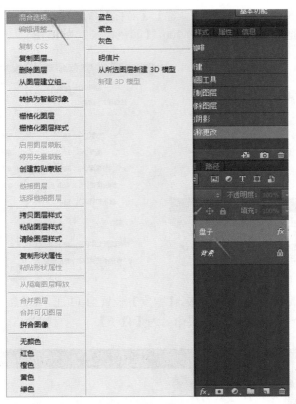

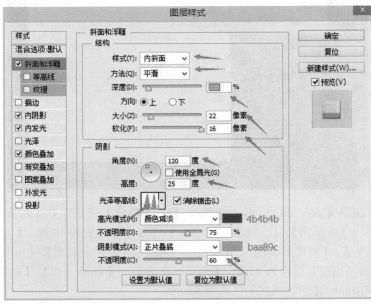

04 勾选【内阴影】，【混合模式】单击色板，色值为 97867c，【不透明度】设置为 75%，勾选【使用全局光】，【角度】设置为 −90 度，【距离】设置为 36 像素，【阻塞】设置为 58%，【大小】设置为 40 像素，【等高线】→【高斯】。

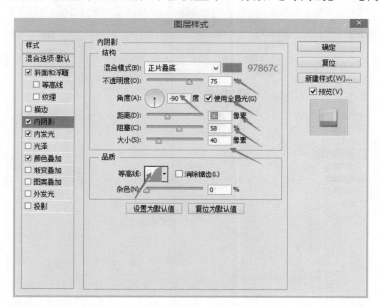

05 勾选【内发光】，【混合模式】→【正常】，单击颜色色板，色值为 c3afa4，【阻塞】设置为 74%，【大小】为 120 像素。

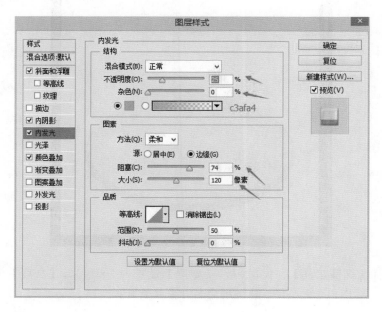

06 勾选【颜色叠加】,【混合模式】色值设置为f7ecdf,【不透明度】设置为100%,得到图中效果。

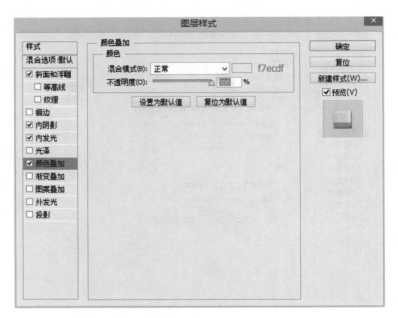

07 选择【椭圆工具】,单击画板,【宽度】设置为7.8厘米,【高度】设置为5厘米,画出一个椭圆形,将图层命名为【盘子里】。

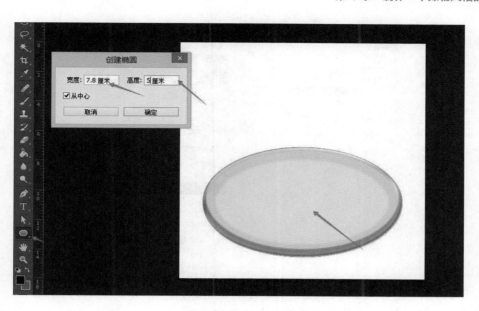

[08] 选择图层【盘子里】，单击右键选择【混合选项】，勾选【渐变叠加】，【样式】
→【径向】,【角度】选择 -90 度，单击【渐变】的色条，从左至右的色标,【颜色】
色值分别为 39251c/5f3017/9b653f/5f3017,【位置】分别为 2%/40%/63%/100%

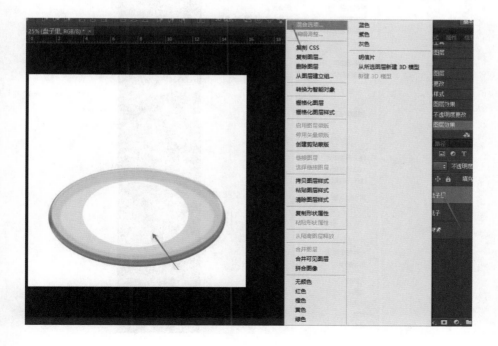

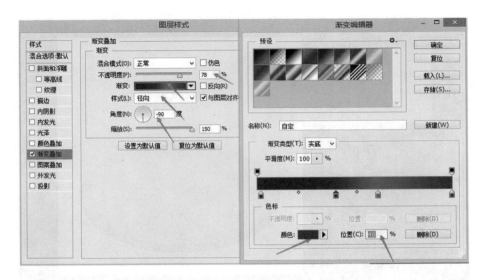

09 选择图层【盘子里】，单击右键选择【转换为智能对象】，单击【滤镜】→
【模糊】→【高斯模糊】，【半径】设置为 18 像素。

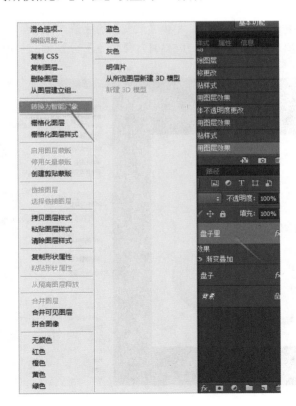

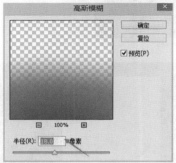

⒑ 选择图层【盘子里】,【不透明度】设置为 36%。

⒒ 选择【钢笔工具】勾出图中轮廓。单击【设置前景色】,输入色值 ffffff。
单击【创建新图层】,将图层命名为【杯底】,选择【钢笔工具】,在图上单击
右键选择【填充路径】,【使用】→【前景色】。

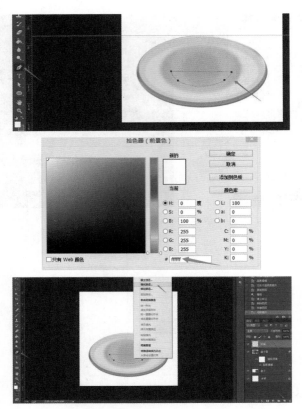

12 选择图层【杯底】，单击右键选择【混合选项】，勾选【光泽】，【混合模式】色值为 8a8a8a，【不透明度】设置为 50%，【角度】设置为 19 度，【距离】设置为 11 像素，【大小】设置为 14 像素，【等高线】→【高斯】。

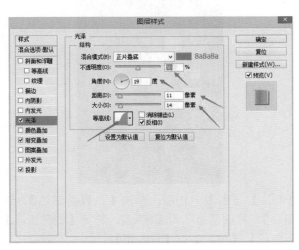

13 勾选【渐变叠加】,【样式】→【线性】,【角度】选择 0 度,单击【渐变】
的色条,从左至右的色标,【颜色】色值分别为 bdb0a1/dcc6b4/e3d3c2/d0b89d/
edd5c1/c3a58d/af8e6a,【位置】分别为 0%/10%/27%/43%/64%/86%/100%。

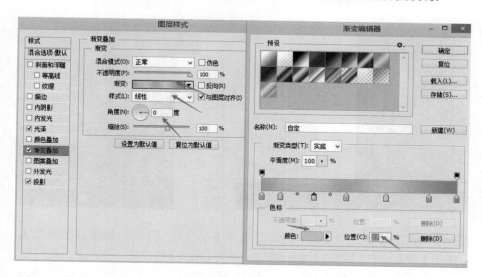

14 勾选【投影】,【混合模式】→【正片叠底】,【不透明度】设置为 46%,【角
度】设置为 120 度,【距离】设置为 16 像素,【扩展】设置为 6%,【大小】设置
为 8 像素。

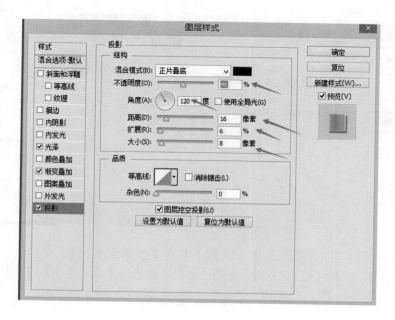

⒖ 选择【钢笔工具】勾出图中轮廓。单击【创建新图层】,将图层命名为【杯把里】,选择【钢笔工具】,在图上单击右键选择【填充路径】,【使用】→【前景色】。

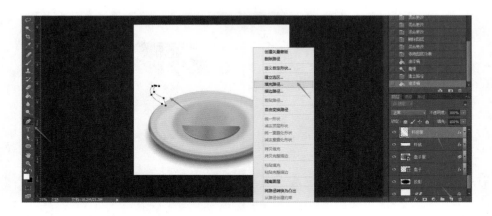

⒗ 选择图层【杯把里】,单击右键选择【混合选项】,勾选【渐变叠加】,【样式】→【线性】,【角度】选择90度,单击【渐变】的色条,从左至右的色标,【颜色】色值分别为 d1bb9d/dfd0bd/c3b09e/8c7963,【位置】分别为 0%/37%/72%/100%。

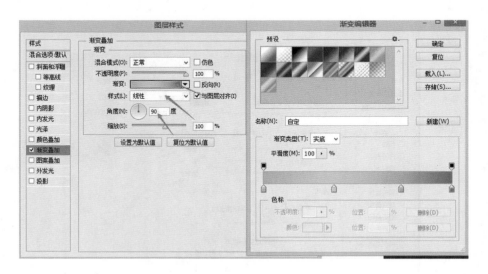

⒘ 选择【钢笔工具】勾出图中轮廓。单击【创建新图层】,将图层命名为【杯把上】,选择【钢笔工具】,在图上单击右键选择【填充路径】,【使用】→【前景色】。

18 选择图层【杯把上】，单击右键选择【混合选项】，勾选【渐变叠加】，【样式】→【线性】，【角度】选择 45 度，单击【渐变】的色条，从左至右的色标，【颜色】色值分别为 dcd1c1/cfc3b7/c4bcab/dcd1c1，【位置】分别为 12%/32%/45%/76%。

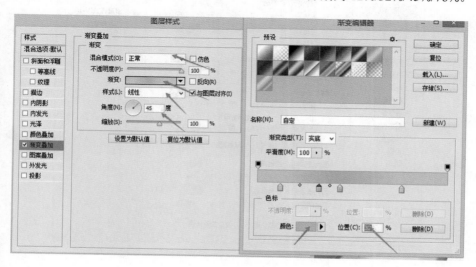

19 选择【钢笔工具】勾出图中轮廓。单击【创建新图层】,将图层命名为【杯把侧】,选择【钢笔工具】,在图上单击右键选择【填充路径】,【使用】→【前景色】。

20 选择图层【杯把侧】,单击右键选择【混合选项】,选择【斜面和浮雕】,勾选【等高线】,【样式】→【内斜面】,【方法】→【平滑】,【深度】设置为 22%,【大小】设置为 29 像素,【软化】设置为 0 像素,取消勾选【使用全局光】,【角度】设置为 132 度,【高度】设置为 27 度,【光泽等高线】→【画圆步骤】,【高光模式】色值为 c7beaf,【阴影模式】色值为 bdbdbd,【不透明度】设置为 60%。

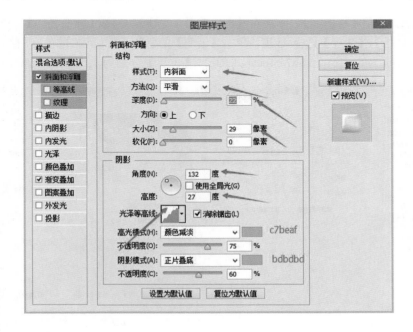

21 勾选【渐变叠加】,【样式】→【线性】,【角度】选择 80 度,单击【渐变】
的色条,从左至右的色标,【颜色】色值分别为 6a6054/8f8271/e8dbcd/efe5d2/
cec5b6/ad9d90,【位置】分别为 0%/15%/43%/62%/77%/100%。

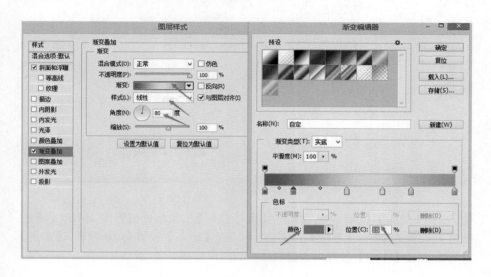

22 选择【钢笔工具】勾出图中轮廓。单击【创建新图层】,将图层命名为
【杯身】,选择【钢笔工具】,在图上单击右键选择【填充路径】,【使用】→【前
景色】。

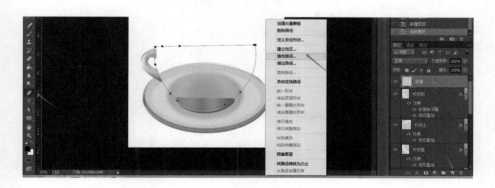

23 选择图层【杯身】,单击右键选择【混合选项】,勾选【渐变叠加】,【样式】
→【线性】,【角度】选择 0 度,单击【渐变】的色条,从左至右的色标,【颜色】
色值分别为 dbcebc/dccebf/c6b8a7/c9bbaa/e0d2c0/f3e5d6/f5e1ca,【位置】分别为
0%/10%/27%/43%/74%/86%/100%。

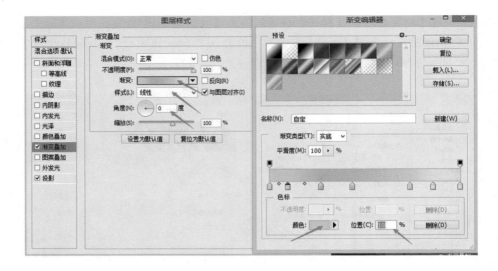

24　勾选【投影】，【混合模式】→【正片叠底】，颜色色值为 1b1b1b，【不透明度】设置为 19%，【角度】设置为 −90 度，【距离】设置为 10 像素，【扩展】设置为 6%，【大小】设置为 5 像素，得到图中效果。

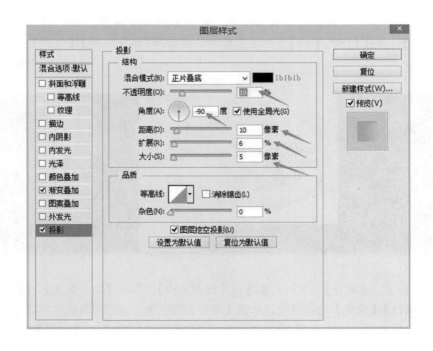

25 选择【椭圆工具】，单击画板，【宽度】设置为 10.35 厘米，【高度】设置为
5.1 厘米，画出一个椭圆形，将图层命名为【杯沿】。

26 选择图层【杯沿】，单击右键选择【混合选项】，选择【斜面和浮雕】，【样式】
→【外斜面】,【方法】→【雕刻清晰】,【深度】设置为 32%,【大小】设置为 18 像素，
【软化】设置为 0 像素，取消勾选【使用全局光】，【角度】设置为 120 度，【高
度】设置为 40 度，【光泽等高线】→【高斯】，【高光模式】色值为 322b22，【阴
影模式】色值为 e8d9c9。

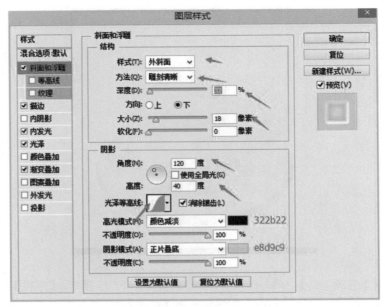

27 勾选【描边】,【大小】设置为 8 像素,【位置】→【内部】,【不透明度】设置为 100%,【颜色】色值为 e7d9cb。

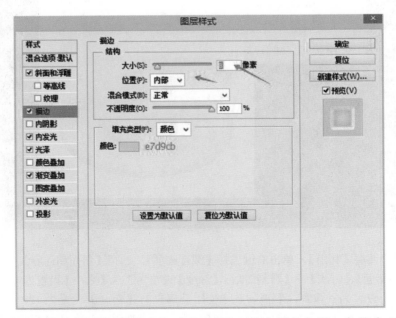

28 勾选【内发光】,【混合模式】→【滤色】,单击颜色色板,色值为 ffffbe,【源】→【居中】,【阻塞】设置为 0%,【大小】为 250 像素。

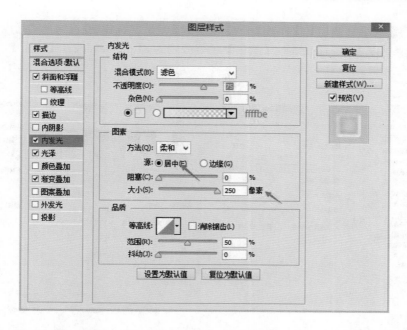

29 勾选【光泽】,【混合模式】色值为 eeddcb,【不透明度】设置为 50%,【角度】设置为 -27 度,【距离】设置为 1 像素,【大小】设置为 43 像素,【等高线】→【半圆】。

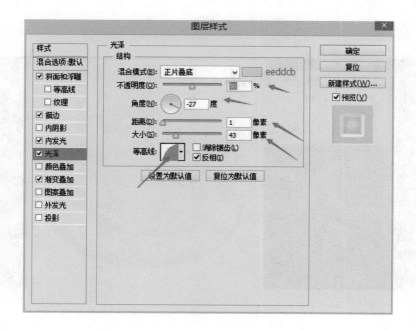

30 勾选【渐变叠加】,【样式】→【线性】,【角度】选择 90 度,单击【渐变】的色条,从左至右的色标,【颜色】色值分别为 e1d3c6/eaddca,【位置】分别为 0%/100%。

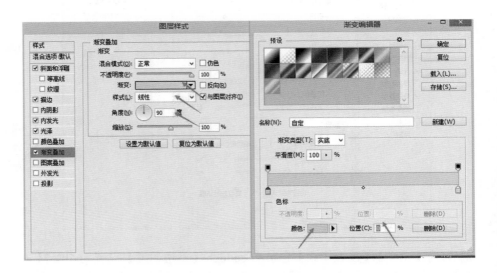

31 选择【椭圆工具】,单击画板,【宽度】设置为 8.9 厘米,【高度】设置为 4 厘米,画出一个椭圆形,将图层命名为【杯子内】。单击【填充】→【拾色器】输入色值 cca47e。得到图中效果。

32 选择【椭圆工具】，单击画板，【宽度】设置为8.3 厘米，【高度】设置为3.4
厘米，画出一个椭圆形，将图层命名为【咖啡】。单击【填充】→【拾色器】
输入色值 713c0f，得到图中效果。

33 选择图层【咖啡】，单击右键选择【复制图层】，命名为【咖啡 1】。

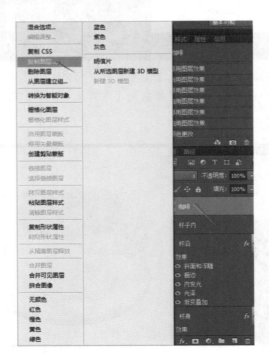

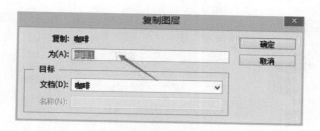

34 选择图层【咖啡 1】，单击右键选择【混合选项】，将【填充不透明度】
调整为 0%。

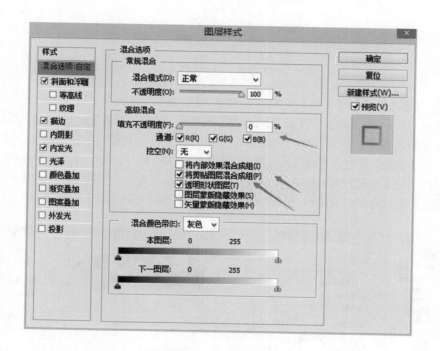

35 选择图层【咖啡 1】，单击右键选择【混合选项】，选择【斜面和浮雕】，
勾选【等高线】，【样式】→【内斜面】，【方法】→【平滑】，【深度】设置
为 613%，【大小】设置为 35 像素，【软化】设置为 16 像素，取消勾选【使
用全局光】，【角度】设置为 180 度，【高度】设置为 50 度，【光泽等高线】→【滚
动斜坡一递减】，【高光模式】→【柔光】，【阴影模式】→【颜色加深】，【不
透明度】设置为 3%。

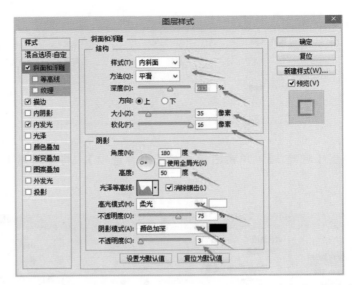

36 勾选【描边】,【大小】设置为 15 像素,【位置】→【内部】,【不透明度】设置为 81%,【填充类型】→【渐变】,【角度】设置为-83 度,单击【渐变】旁的色条,单击颜色条添加色标,单击色标后再单击下方【颜色】旁的色板,输入色值,单击【位置】数值,更改色标位置。左边色标【颜色】为 63320c,【位置】为 0%。右边色标【颜色】为 c38e39,【位置】为 100%。单击右边上方的色标,将【不透明度】设置为 0%。单击上方的色标,将左边的色标【不透明度】调整为 80%。

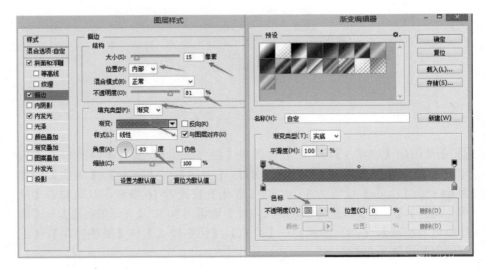

37 勾选【内发光】,【混合模式】→【滤色】,单击颜色色板,色值为 a07039。【源】→【居中】,【阻塞】设置为 29%。【大小】为 250 像素。

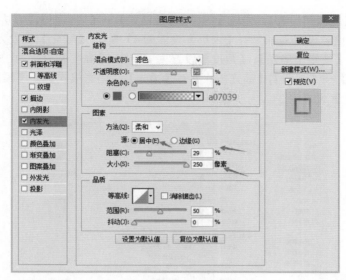

38 选择图层【咖啡】，单击右键选择【复制图层】，命名为【咖啡 2】。选择图层【咖啡 2】，单击右键选择【混合选项】，将【填充不透明度】调整为 0%。

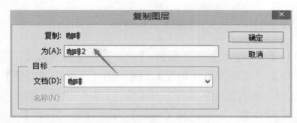

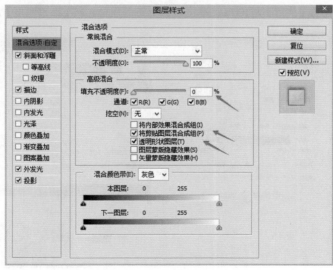

39 选择【斜面和浮雕】,勾选【等高线】,【样式】→【内斜面】,【方法】→【平滑】,【深度】设置为 613%,【大小】设置为 43 像素,【软化】设置为 8 像素,取消勾选【使用全局光】,【角度】设置为 120 度,【高度】设置为 25 度,【光泽等高线】→【半圆】,【高光模式】→【柔光】,【阴影模式】→【颜色加深】,【不透明度】设置为 3%。

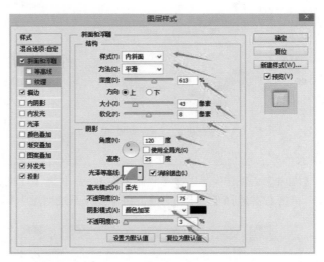

40 勾选【描边】,【大小】设置为 3 像素,【位置】→【内部】,【不透明度】设置为 100%,【填充类型】→【渐变】,【角度】设置为 0 度,单击【渐变】旁的色条,单击颜色条添加色标,单击色标再单击下方【颜色】旁的色板,输入色值,单击【位置】数值,更改色标位置。左边色标【颜色】为 783400,【位置】为 0%。右边色标【颜色】为 ff9c00,【位置】为 100%。单击右边上方的色标,将【不透明度】设置为 0%。

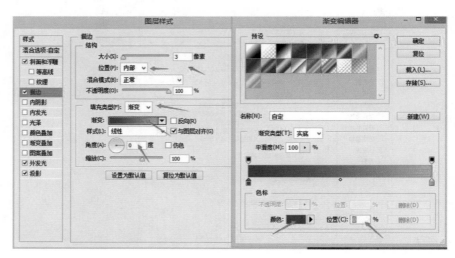

41 勾选【外发光】，颜色色值为 cd6804，【扩展】设置为 0%，【大小】设置为 38 像素。

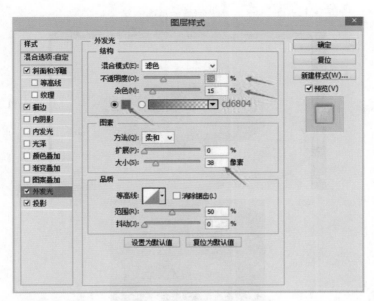

42 勾选【投影】，【混合模式】→【正片叠底】，颜色色值为 863c01，【不透明度】设置为 75%，【角度】设置为 −90 度，【距离】设置为 13 像素，【扩展】设置为 0%，【大小】设置为 27 像素。

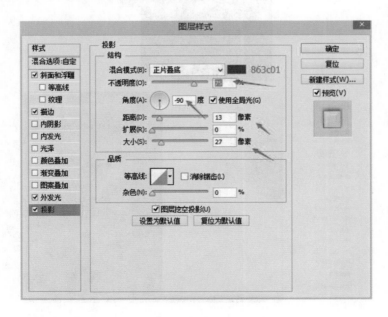

43 选择【钢笔工具】勾出图中轮廓。选择【画笔工具】→【粉笔 17 像素】,【大小】调整为 42 像素,单击【创建新图层】,将图层命名为【旋转】,选择【钢笔工具】,在图上单击右键选择【描边路径】。

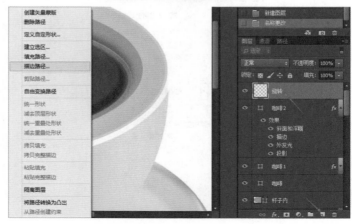

44 选择【椭圆选框工具】,【羽化】设置为 30 像素,在图上画出椭圆,单击【设置前景色】,输入色值 1b1b1b,单击【创建新图层】,将图层命名为【投影】,选择【油漆桶工具】填充所选区域,将图层【投影】放置到【背景】图层的上一层,调整到图中位置。

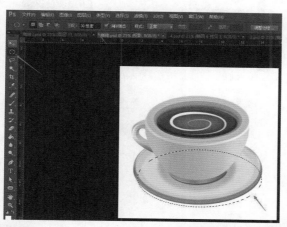

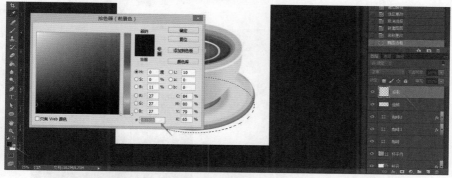

45 选择【滤镜】→【模糊】→【高斯模糊】,【半径】设置为 20 像素,将【投影】图层的【不透明度】设置为 80%。

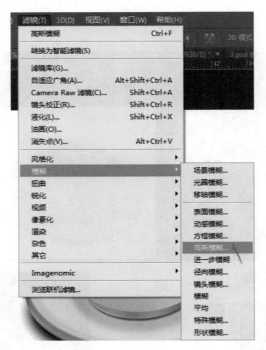

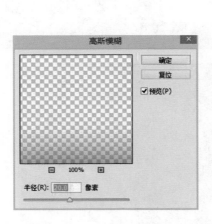

46 选择【椭圆工具】,单击画板,【宽度】设置为 4.2 厘米,【高度】设置为 3 厘米,画出一个椭圆形,将图层命名为【马卡龙 1】。

47 选择图层【马卡龙 1】按 Ctrl+T 快捷键选中，单击右键选择【斜切】，将椭圆调整为图中的透视关系。

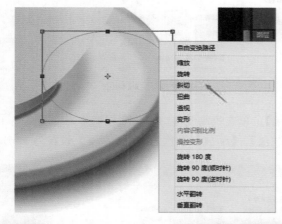

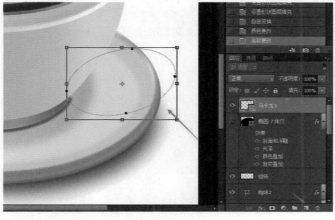

48 选择图层【马卡龙 1】，单击右键选择【混合选项】，选择【斜面和浮雕】，勾选【等高线】,【样式】→【内斜面】,【方法】→【平滑】,【深度】设置为 1%,【大小】设置为 38 像素,【软化】设置为 0 像素，取消勾选【使用全局光】,【角度】设置为 −30 度,【高度】设置为 25 度,【光泽等高线】→【高斯】,【高光模式】→【颜色减淡】色值为 e08957,【阴影模式】色值为 d5a186,【不透明度】设置为 60%。

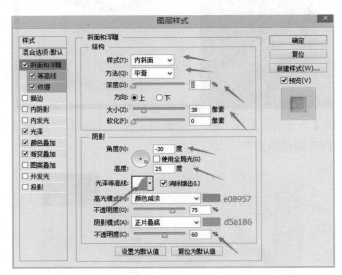

49 勾选【等高线】，单击等高线窗口，将曲线调整为下图模式。勾选【纹理】,【图案】→【长绒毯】,【缩放】设置为 49,【深度】设置为 +50%。

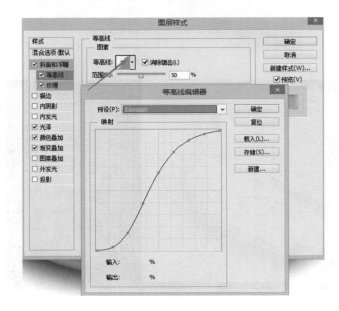

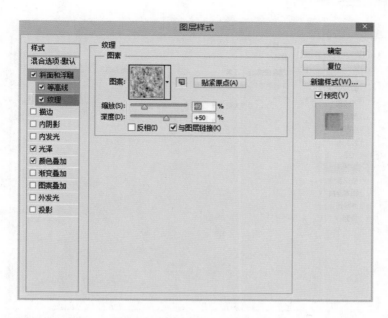

50　勾选【光泽】,【混合模式】色值为 f6ae6e,【不透明度】设置为 50%,【角度】
设置为 19 度,【距离】设置为 60 像素,【大小】设置为 158 像素。

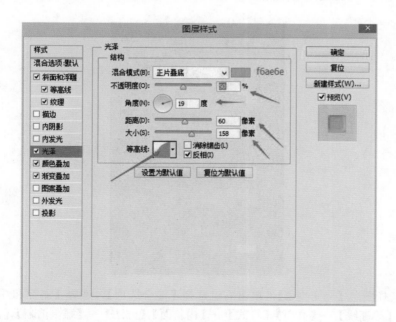

51　勾选【颜色叠加】,【混合模式】色值设置为 ef9f64,【不透明度】设置为
100%。

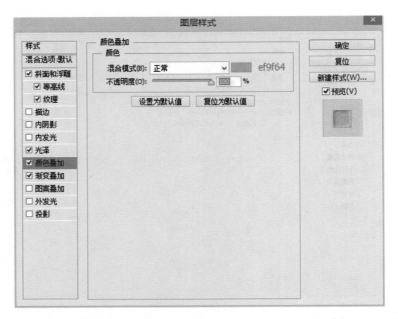

52 选择图层【马卡龙 1】，单击右键选择【复制图层】命名为【马卡龙 2】将【效果】拖拽到下方的垃圾桶删除。

53 选择图层【马卡龙 2】，单击右键选择【混合选项】，选择【斜面和浮雕】，勾选【等高线】→【高斯】;【样式】→【内斜面】,【方法】→【雕刻清晰】,【深度】设置为 1%,【大小】设置为 49 像素，【软化】设置为 0 像素，取消勾选【使用全局光】,【角度】设置为 120 度,【高度】设置为 25 度,【光泽等高线】→【高斯】,

【高光模式】→【颜色减淡】色值为 c8511e，【阴影模式】色值为 d5a186，【不透明度】设置为 60%。

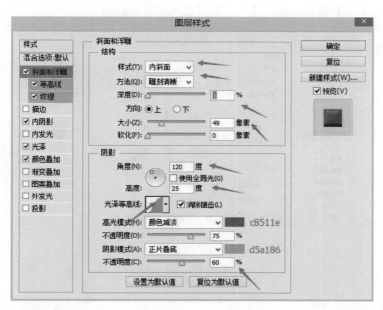

54 勾选【纹理】，【图案】→【长绒毯】，【缩放】设置为 40，【深度】设置为 +35%。

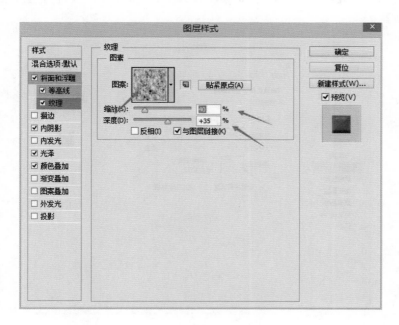

55 单击【内阴影】,【混合模式】单击色板,色值为 943f1d,【不透明度】设置为 75%,勾选【使用全局光】,【角度】设置为 -90 度,【距离】设置为 20 像素,【阻塞】设置为 0%,【大小】设置为 5 像素。

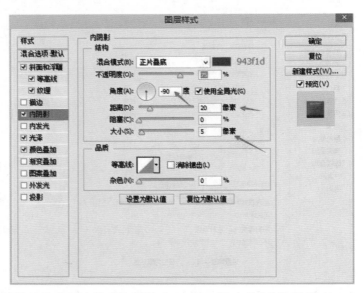

56 勾选【光泽】,【混合模式】色值为 f9b16f,【不透明度】设置为 50%,【角度】设置为 19 度,【距离】设置为 60 像素,【大小】设置为 185 像素,【等高线】→【高斯】。

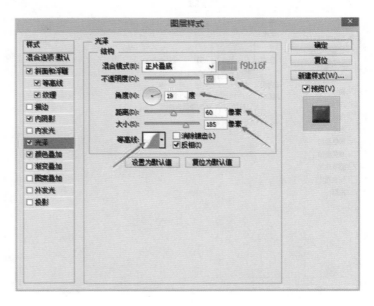

57 勾选【颜色叠加】,【混合模式】色值设置为 a7542b,【不透明度】设置为 100%。选择图层【马卡龙 2】,选择【移动工具】,将图形向下移动到图中位置。

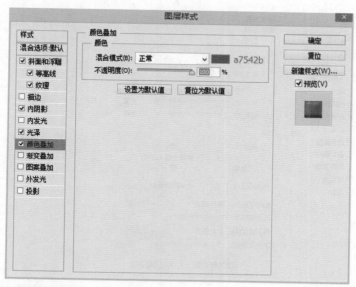

58 选择图层【马卡龙 1】,单击右键选择【复制图层】命名为【马卡龙 3】,将【效果】拖拽到下方的垃圾桶删除。选择图层【马卡龙 3】,单击右键选择【混合选项】,选择【斜面和浮雕】,勾选【等高线】→【高斯】,【样式】→【内斜面】,【方法】→【平滑】,【深度】设置为 1%,【大小】设置为 38 像素,【软化】设置为 0 像素,取消勾选【使用全局光】,【角度】设置为 -30 度,【高度】设

置为 25 度，【光泽等高线】→【高斯】，【高光模式】→【颜色减淡】色值为 e08957，【阴影模式】色值为 d5a186，【不透明度】设置为 60%。

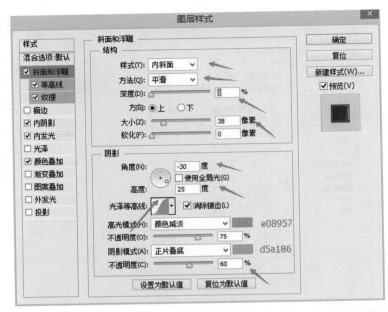

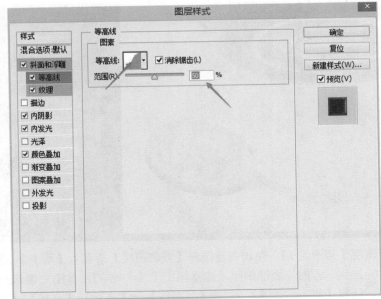

59 勾选【纹理】，【图案】→【长绒毯】，【缩放】设置为 40，【深度】设置为 +45%。

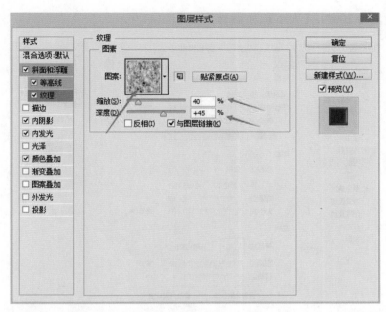

60 单击【内阴影】,【混合模式】单击色板,色值为 693a21,【不透明度】设置为 75%,勾选【使用全局光】,【角度】设置为 −90 度,【距离】设置为 11 像素,【阻塞】设置为 6%,【大小】设置为 22 像素。

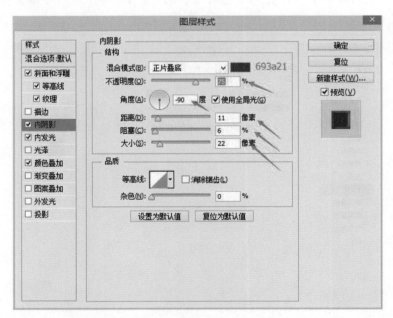

61 勾选【内发光】,【混合模式】→【滤色】,单击颜色色板,色值为 7c4a27,【阻

塞】设置为 100%，【大小】为 15 像素。

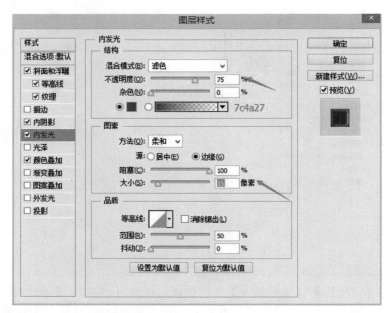

[62] 勾选【颜色叠加】，【混合模式】色值设置为 582e12，【不透明度】设置为 100%。选择图层【马卡龙 3】，选择【移动工具】，将图形向下移动到图中位置。

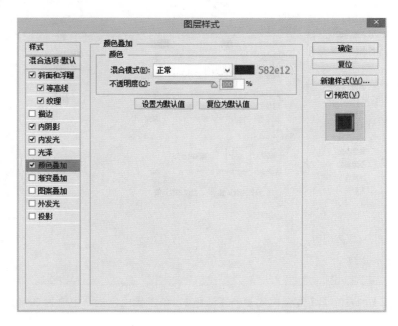

63　选择图层【马卡龙 1】，单击右键选择【复制图层】命名为【马卡龙 4】将【效果】拖拽到下方的垃圾桶删除。选择图层【马卡龙 4】，单击右键选择【混合选项】，选择【斜面和浮雕】，勾选【等高线】→【高斯】，【样式】→【内斜面】，【方法】→【平滑】，【深度】设置为 694%，【大小】设置为 43 像素，【软化】设置为 16 像素，取消勾选【使用全局光】，【角度】设置为 −30 度，【高度】设置为 25 度，【高光模式】→【颜色减淡】色值为 e08957，【阴影模式】色值为 67280d，【不透明度】设置为 60%。

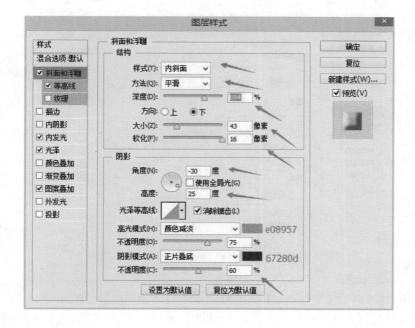

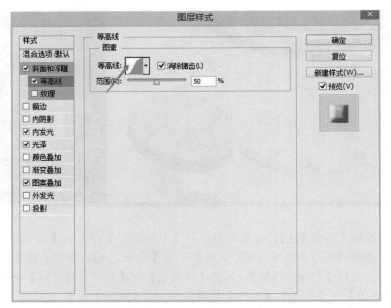

64　勾选【内发光】,【混合模式】→【滤色】,【不透明度】设置为 75%, 单击颜色色板, 色值为 d97c4e,【阻塞】设置为 49%,【大小】为 202 像素,【等高线】→【高斯】。

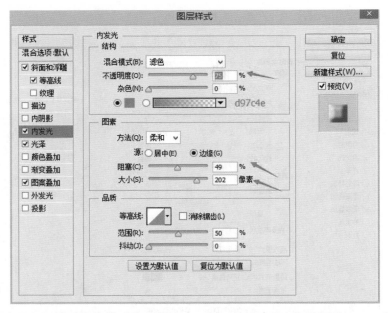

65　勾选【光泽】,【混合模式】色值为 833819,【不透明度】设置为 50%,【角度】设置为 19 度,【距离】设置为 60 像素,【大小】设置为 158 像素,【等高线】→【高斯】。

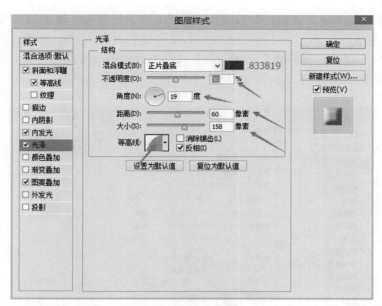

66　勾选【图案叠加】【不透明度】设置为100%,【图案】→【石头】,【缩放】
设置为100%。

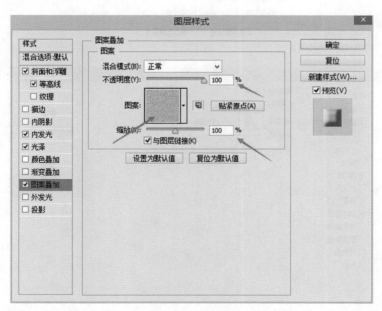

67　选择图层【马卡龙1】,单击右键选择【复制图层】命名为【马卡龙5】将
【效果】拖拽到下方的垃圾桶删除。选择图层【底3】,单击右键选择【混合选
项】,选择【斜面和浮雕】,勾选【等高线】→【高斯】,【样式】→【内斜面】,

【方法】→【平滑】,【深度】设置为 1%,【大小】设置为 0 像素,【软化】设置为 3 像素,取消勾选【使用全局光】,【角度】设置为 120 度,【高度】设置为 25 度,【光泽等高线】→【高斯】,【高光模式】→【颜色减淡】色值为 7e3813,【阴影模式】色值为 d5a186,【不透明度】设置为 60%。

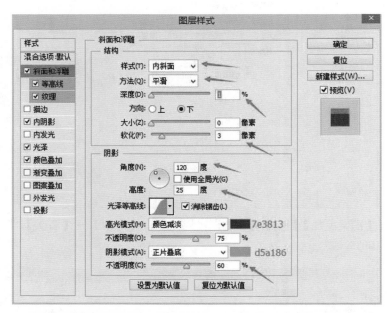

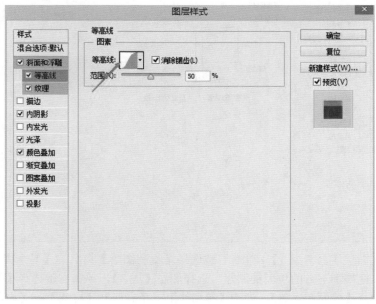

68 勾选【纹理】,【图案】→【长绒毯】,【缩放】设置为40,【深度】设置为+70%。

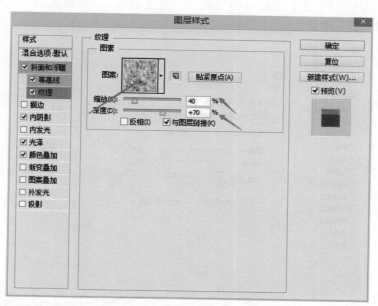

69 单击【内阴影】,【混合模式】单击色板,色值为943f1d,【不透明度】设置为75%,勾选【使用全局光】,【角度】设置为−90度,【距离】设置为95像素,【阻塞】设置为57%,【大小】设置为0像素。

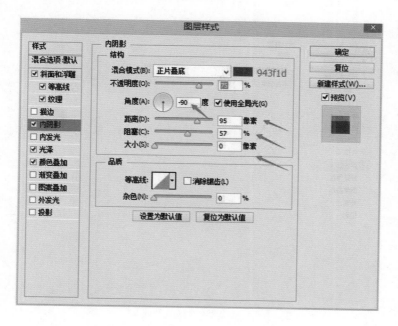

70 勾选【光泽】,【混合模式】色值为 f9b16f,【不透明度】设置为 50%,【角度】设置为 19 度,【距离】设置为 60 像素,【大小】设置为 185 像素,【等高线】→【高斯】。

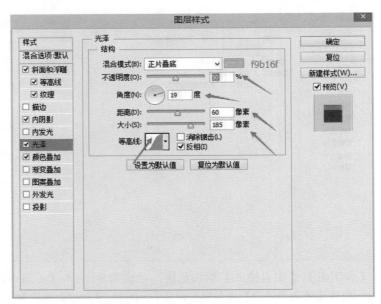

71 勾选【颜色叠加】,【混合模式】色值设置为 c3921c,【不透明度】设置为 100%。

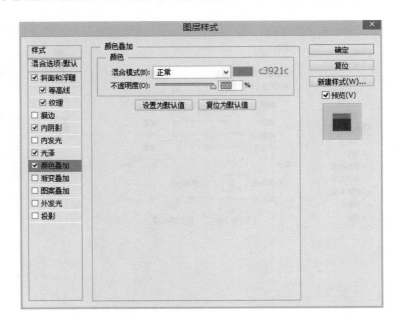

72 勾选【投影】,【混合模式】→【正片叠底】,颜色色值为 1b1b1b,【不透明度】设置为 50%,【角度】设置为 70 度,【距离】设置为 12 像素,【扩展】设置为 10%,【大小】设置为 20 像素。选择图层【马卡龙 5】,选择【移动工具】,将图形向下移动到图中位置。

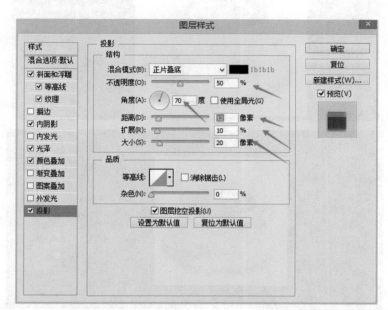

73 选择【椭圆选框工具】,【羽化】设置为 30 像素,在图上画出椭圆,单击【设置前景色】,输入色值 1b1b1b,单击【创建新图层】,将图层命名为【马卡龙阴影】,选择【油漆桶工具】填充所选区域,【不透明度】设置为 75%。调整图层顺序,将【马卡龙阴影】放置到【马卡龙 5】的下一层。

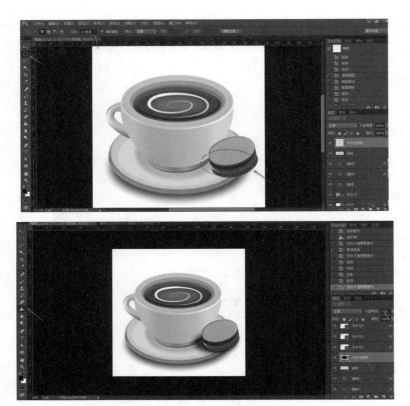

74 选择【画笔工具】，选择【硬边圆】，【硬度】设置为 0%，选择【对不透明度使用压力】，将【不透明度】和【流量】调整为较小数值。新建图层，命名为【咖啡沫】。

75 单击【设置前景色】，输入色值 d8a66b。选择【画笔工具】，在图层【咖啡沫】上单击，调整画笔的【大小】、【不透明度】和【流量】，得到图中效果。

76 单击【设置前景色】，输入色值 f2bf82。选择【画笔工具】，在图层【咖啡沫】上单击，调整画笔的【大小】、【不透明度】和【流量】，得到图中效果。

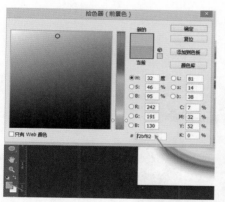

77 选择【画笔工具】，单击【模式】→【清除】，将画笔【大小】调为较小数值，在浅咖啡色的区域单击，制造出气泡效果。

78 用画笔对图层【咖啡沫】加以调整。将图层【不透明度】调整为 78%。

79 制作完成。

第5章

制作一个水晶质感的微信图标

01 打开 PS，单击【文件】→【新建】。【名称】命名为"微信"，【宽度】和【高度】都设置为 20 厘米，【分辨率】为 300，【颜色模式】为 RGB。

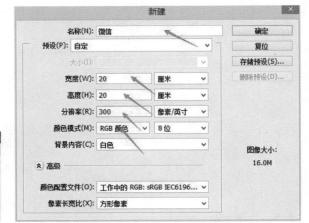

02 单击【设置前景色】，输入色值 0d5c01。选择【油漆桶工具】，选择图层【背景】，单击画板上的任意位置，将背景变成绿色的背景。

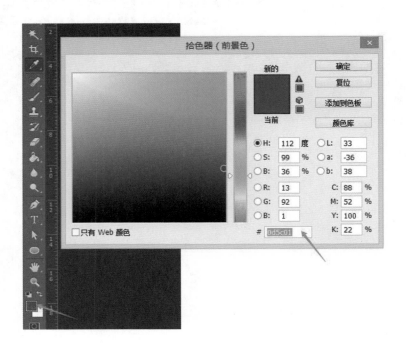

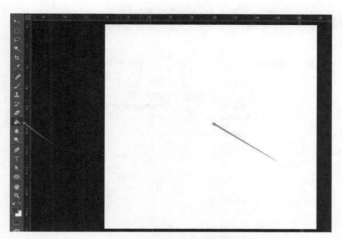

03 选择【钢笔工具】勾出图中的轮廓。单击【设置前景色】，输入色值 ffffff。选择【钢笔工具】，在图上单击右键选择【填充路径】，【使用】→【前景色】。

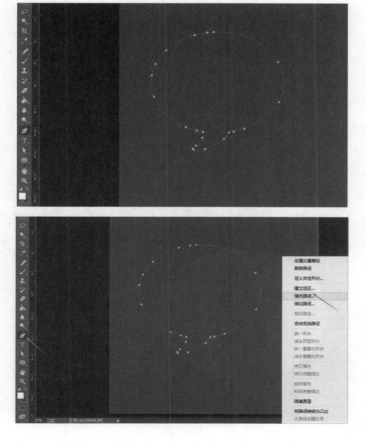

04 选择图标的图层，单击右键选择【复制图层】。

05 选择新复制出的图层，按 Ctrl+T 快捷建选中，单击右键选择【水平翻转】，按住 Shift 键等比例缩小，并移动到图中的位置。

06　关闭小图标的【图层可见性】，选择【魔棒工具】选中大图标轮廓。

07　单击【设置前景色】，输入色值 61ec06。单击【设置背景色】，输入色值 3a8409。

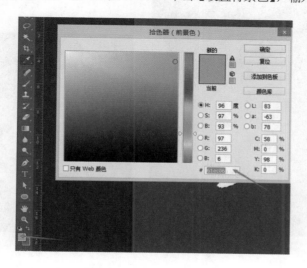

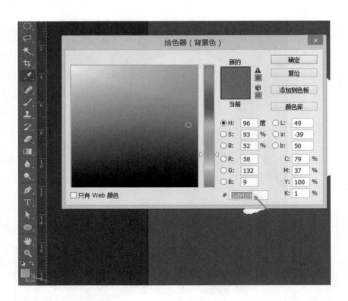

08   选择【渐变工具】→【径向渐变】，调出【渐变编辑器】，在选区内从中心向外拉渐变，得到图中的效果。

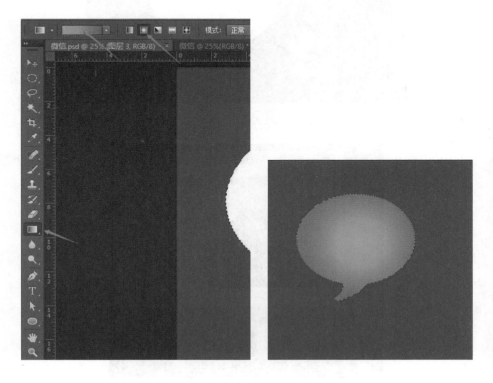

09 单击【设置前景色】，输入色值 ffffff，单击【设置背景色】，输入色值 a7a7a7。

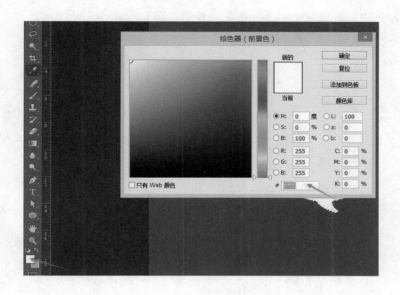

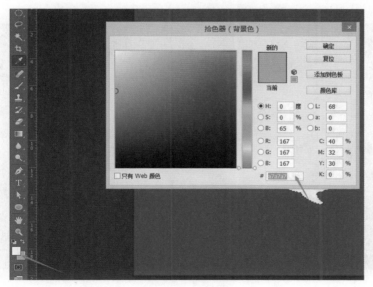

10 选择小图标的图层，选中轮廓，选择【渐变工具】→【径向渐变】，调出【渐变编辑器】，在选区内从中心向外拉渐变。调整图层的【不透明度】为 88%，得到图中的效果。

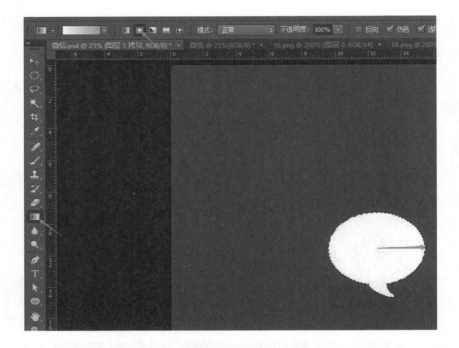

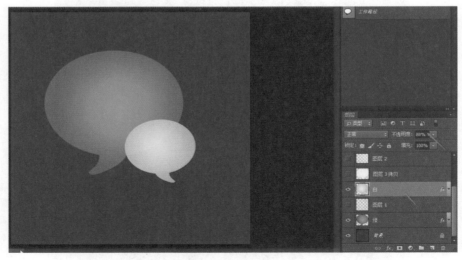

11 选择大图标的图层，单击右键选择【混合选项】，选择【斜面和浮雕】，勾选【等高线】→【内凹 - 浅】，【样式】→【内斜面】，【方法】→【平滑】，【深度】设置为602%，【大小】设置为46像素，【软化】设置为9像素，勾选【使用全局光】，【角度】设置为90度，【高度】设置为30度。

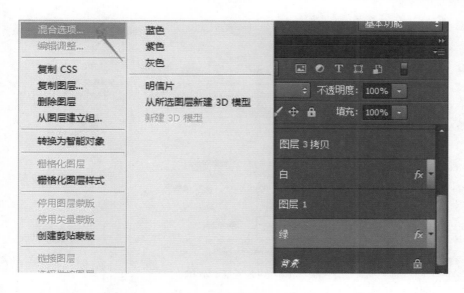

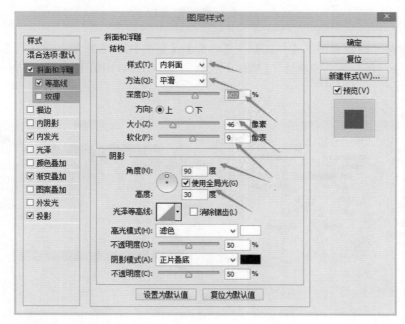

⑫ 勾选【内发光】,【混合模式】→【正片叠底】,单击颜色色板,色值为
00ff1e,【不透明度】设置为 80%,【阻塞】设置为 0%,【大小】为 98 像素,【范
围】设置为 50%,【抖动】设置为 0%。

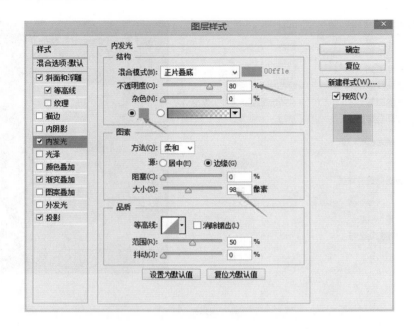

13 勾选【渐变叠加】,【样式】→【线性】,【角度】选择 90 度, 单击【渐变】的色条, 从左至右的色标,【颜色】色值分别为 017411/ffffff,【位置】分别为 0%/100%。

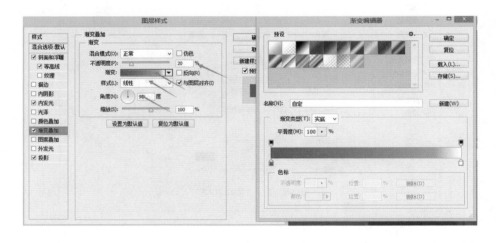

14 勾选【投影】,【混合模式】→【正片叠底】, 颜色色值为 035815,【不透明度】设置为 30%,【角度】设置为 90 度,【距离】设置为 29 像素,【扩展】设置为 27%,【大小】设置为 16 像素。得到图中的效果。

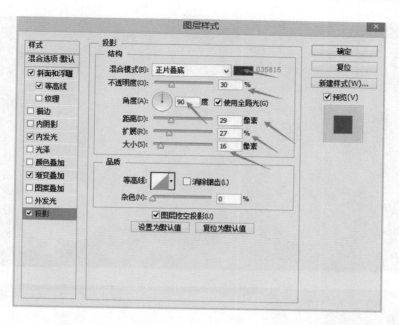

⑮ 选择【椭圆选框工具】在图中画出选区，新建图层，选择【渐变工具】→
【径向渐变】，调出【渐变编辑器】，选择【从前景色到透明渐变】，从左至右
的色标，【颜色】色值分别为 88ff09/ffffff，在选区中拉出渐变。

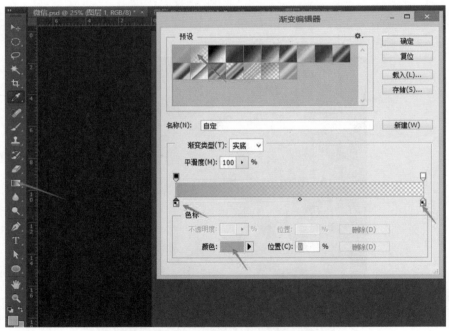

[16] 选择【橡皮擦工具】→模糊边缘，进行调整。选择【椭圆选框工具】在图中画出选区，新建图层，选择【渐变工具】→【径向渐变】，调出【渐变编辑器】，选择【从前景色到透明渐变】，从左至右的色标，【颜色】色值分别为88ff09/ffffff，在选区中拉出渐变。

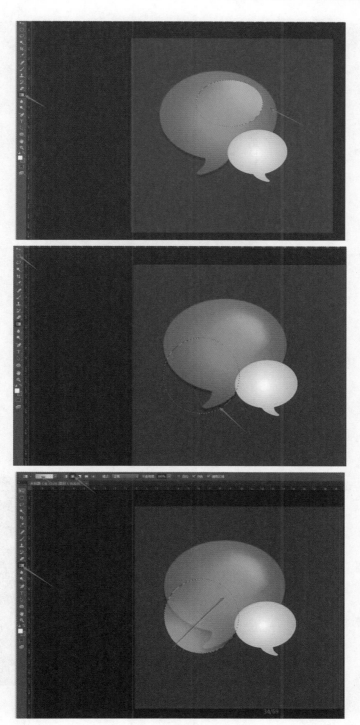

17 选中大图标轮廓,单击右键,【选择反向】,单击 Delete 键删除多余部分。

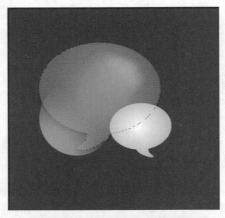

18 选择【矩形工具】→画出 4 个同样大小的正方形。

19 选择【滤镜】→【扭曲】→【球面化】，【数量】设置为100%。

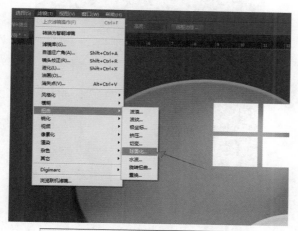

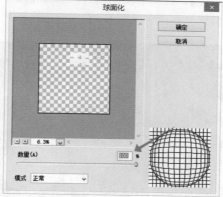

20 选择 4 个矩形的图层，按 Ctrl+T 快捷键选中，将图形变形成如下图形，调整【不透明度】。选中大图标的轮廓，单击右键选择【选择反向】，单击 Delete 键，删除多余的部分。

21 选择【矩形选框工具】，在图中画出选区，选择【渐变工具】，调出【渐变编辑器】，选择【从前景色到透明渐变】，左右的色标都是 ffffff。

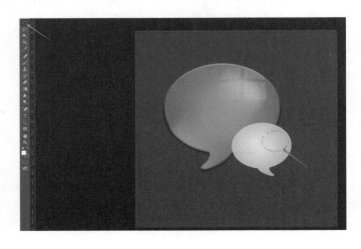

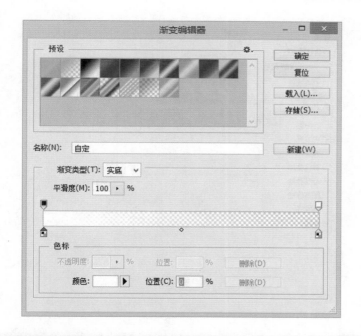

22 选择小图标图层，单击右键选择【混合选项】，选择【斜面和浮雕】，勾选
【等高线】→【内凹 - 浅】，【样式】→【内斜面】，【方法】→【平滑】，【深度】
设置为 602%，【大小】设置为 46 像素，【软化】设置为 9 像素，勾选【使用
全局光】，【角度】设置为 90 度，【高度】设置为 30 度。

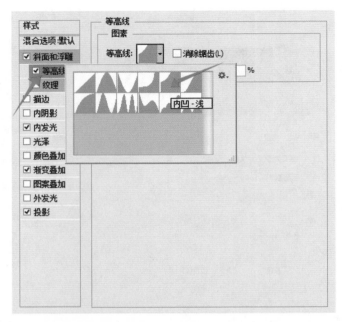

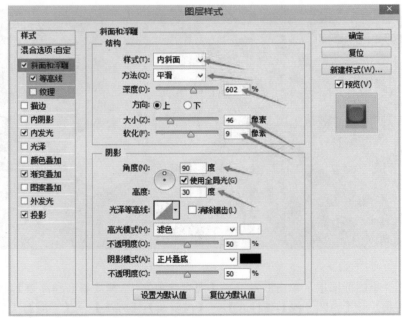

23 勾选【内发光】,【混合模式】→【正片叠底】,单击颜色色板,色值为dddbdb,【不透明度】设置为80%,【阻塞】设置为0%,【大小】为98像素,【范

围】设置为 50%，【抖动】设置为 0%。

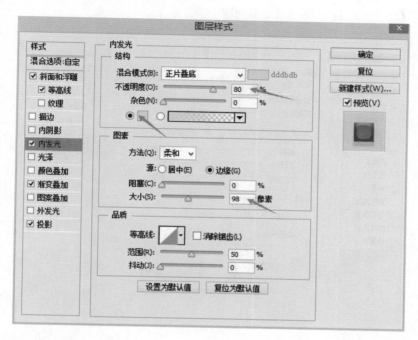

24 勾选【渐变叠加】，【渐变】→【从前景色到透明渐变】，左右的色标都是
ffffff。

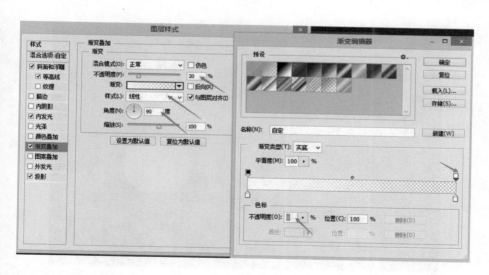

25 勾选【投影】，【混合模式】→【正片叠底】，颜色色值为 838383，【不透明度】

设置为 30%,【角度】设置为 90 度,【距离】设置为 29 像素,【扩展】设置为 27%,【大小】设置为 16 像素,得到图中的效果。

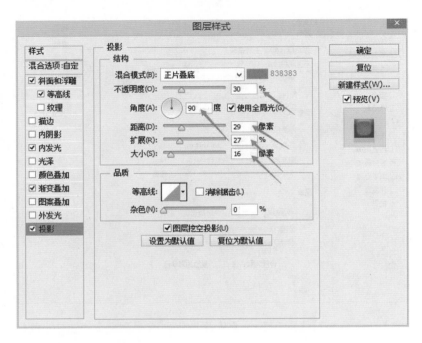

26 选择【矩形工具】,画出 4 个同样大小的正方形。

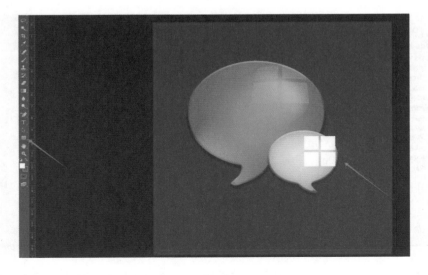

27 选择【滤镜】→【扭曲】→【球面化】,【数量】设置为 100%。

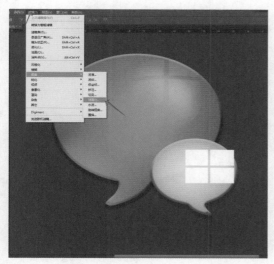
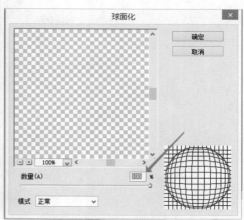

28　选择 4 个矩形的图层，按 Ctrl+T 快捷键选中，将图形变形成如下图形；调整【不透明度】。选中大图标的轮廓，单击右键选择【选择反向】，单击 Delete 键，删除多余的部分。

29　制作完成。

第6章

制作一个卡通风格的电话图标

01 打开 PS，单击【文件】→【新建】，【名称】命名为"电话"，【宽度】和【高度】均设置为 16 厘米，【分辨率】为 300，【颜色模式】为 RGB。

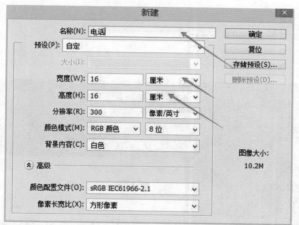

02 单击【文件】→【置入】，选择文件"木板背景"，单击【置入】，之后选择【移动工具】，询问是否置入，选择【置入】。

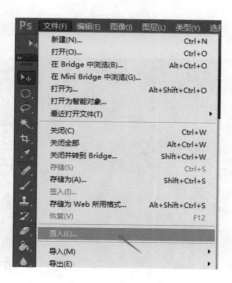

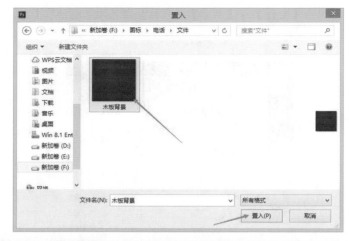

03 选择【钢笔工具】勾出图中的轮廓。单击【创建新图层】，将图层命名为【1】，选择【钢笔工具】，在图上单击右键选择【填充路径】，【使用】→【前景色】。

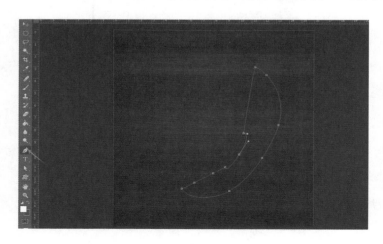

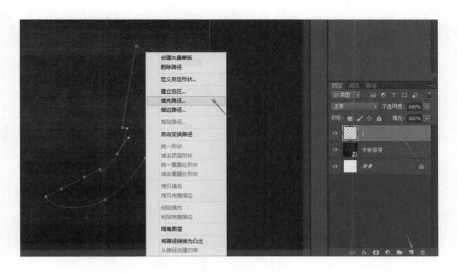

04 选择图层【1】，单击右键，选择【混合选项】，勾选【颜色叠加】，【混合模式】
色值设置为 fe3b8e，【不透明度】设置为 100%。

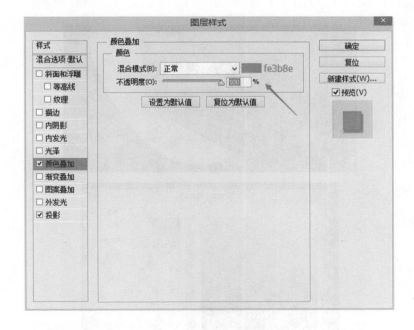

05 勾选【投影】，【混合模式】→【正片叠底】，【不透明度】设置为 35%，【角
度】设置为 110 度，【距离】设置为 21 像素，【扩展】设置为 45%，【大小】设
置为 32 像素。

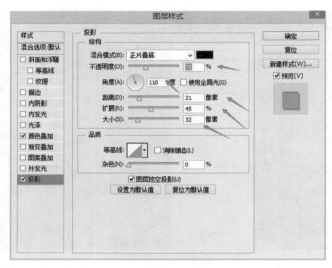

06 选择【钢笔工具】勾出图中的轮廓。单击【设置前景色】，输入色值 e60281。单击【创建新图层】，将图层命名为【2】，选择【钢笔工具】，在图上单击右键选择【填充路径】，【使用】→【前景色】，得到图中的效果。

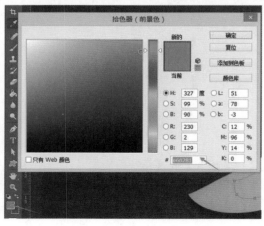

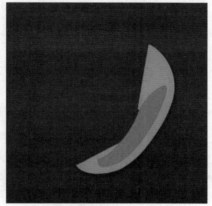

07 选择【椭圆工具】，单击画板创建椭圆，【宽度】设置为 4.28 厘米，【高度】
设置为 3.95 厘米，画出一个椭圆形，将图层命名为【话筒下 1】，移动图形到
图中的位置。

08 选择图层【话筒下 1】，单击右键选择【混合选项】，勾选【渐变叠加】，
【样式】→【线性】，【角度】设置为 0 度，单击【渐变】的色条，从左至右
的色标，【颜色】色值分别为 c7086a/f14b8e，【位置】分别为 0%/100%。

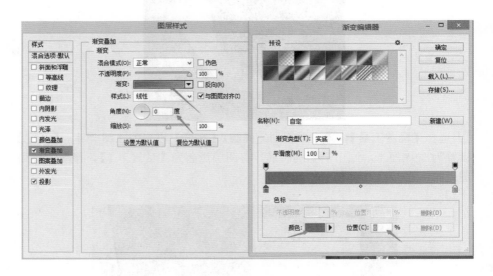

09 勾选【投影】，【混合模式】→【正片叠底】，【不透明度】设置为 50%，
【角度】设置为 −125 度，【距离】设置为 10 像素，【扩展】设置为 3%，【大小】
设置为 20 像素。

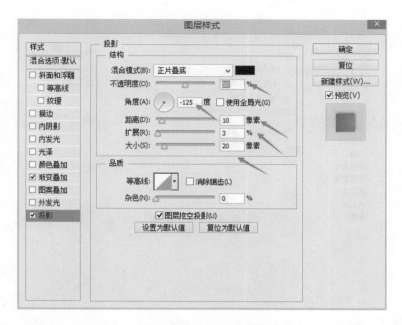

10　选择【椭圆工具】，单击画板创建椭圆，【宽度】设置为 4.09 厘米，【高度】设置为 3.37 厘米，画出一个椭圆形，将图层命名为【话筒下 2】。

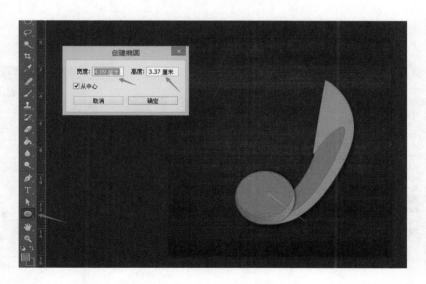

11　选择图层【话筒下 2】，单击右键，选择【混合选项】，勾选【描边】，【大小】设置为 3 像素，【位置】→【外部】，【不透明度】设置为 100%，【颜色】色值为 ff64a6。

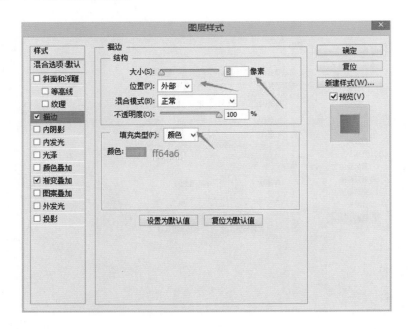

[12] 勾选【渐变叠加】,【样式】→【线性】,【角度】设置为 0 度,单击【渐变】的色条,从左至右的色标,【颜色】色值分别为 cd076a/fa52a8,【位置】分别为 0%/100%。将图形放置到图中的位置。

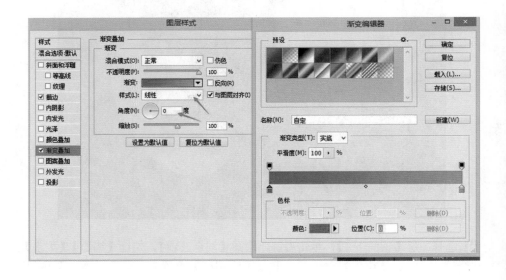

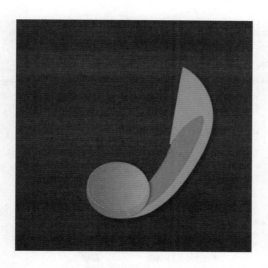

13 选择【椭圆工具】，单击画板创建椭圆，【宽度】设置为 3.01 厘米，【高度】
设置为 2.51 厘米，画出一个椭圆形，将图层命名为【话筒下 3】。

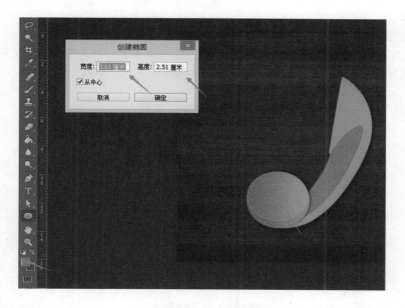

14 选择图层【话筒下 3】，单击右键选择【混合选项】，选择【斜面和浮雕】，
勾选【等高线】,【样式】→【外斜面】,【方法】→【平滑】,【深度】设置为 100%,【大
小】设置为 25 像素，【软化】设置为 3 像素，勾选【使用全局光】,【角度】设
置为 0 度，【高度】设置为 30 度，【高光模式】色值为 fd5e99，【阴影模式】色
值为 a91051。

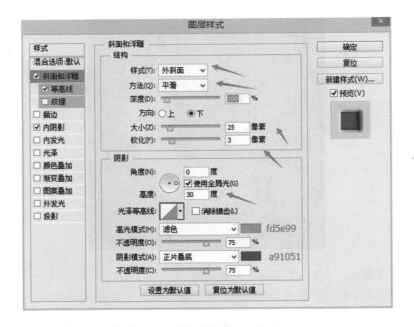

图 单击【内阴影】，在【混合模式】右侧单击色板，色值设为 a6084e，【不透明度】设置为 75%，【角度】设置为 0 度，【距离】设置为 16 像素，【阻塞】设置为 10%，【大小】设置为 23 像素。将图形放置到图中的位置。

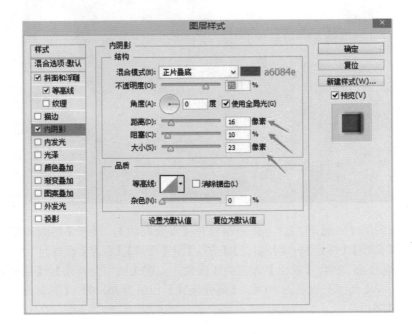

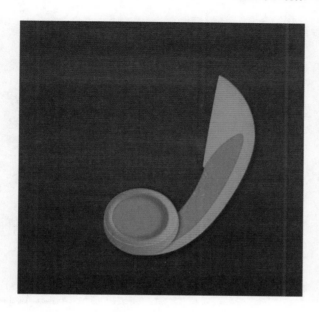

16 选择【椭圆工具】，单击画板创建椭圆，【宽度】设置为 2.95 厘米，【高度】设置为 2.27 厘米，画出一个椭圆形，将图层命名为【话筒下 4】。

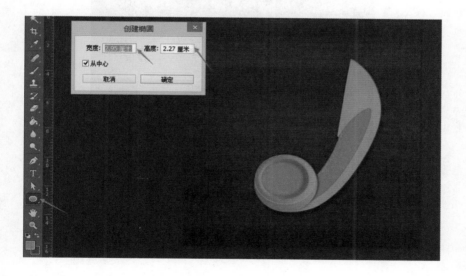

17 选择图层【话筒下 4】，单击右键选择【混合选项】，勾选【渐变叠加】，【样式】→【线性】，【角度】设置为 0 度，单击【渐变】的色条，从左至右的色标，【颜色】色值分别为 e93790/d10376，【位置】分别为 0%/100%。

将图形放置到图中位置。

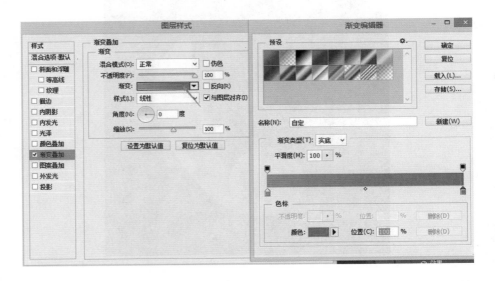

18 选择【椭圆工具】，单击画板创建椭圆，【宽度】设置为 6.25 厘米，【高度】设置为 6.36 厘米，画出一个椭圆形，将图层命名为【听筒 1】。

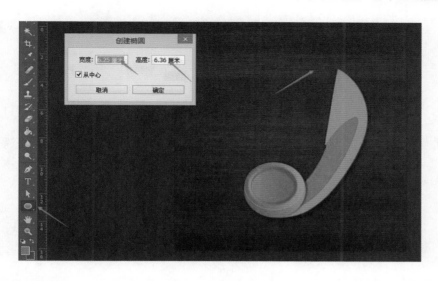

19 选择图层【听筒 1】，单击右键选择【混合选项】，勾选【渐变叠加】，【样式】→【线性】，【角度】设置为 90 度，单击【渐变】的色条，从左至右的色标，【颜色】色值分别为 ef4781/fd5e9c，【位置】分别为 0%/100%。

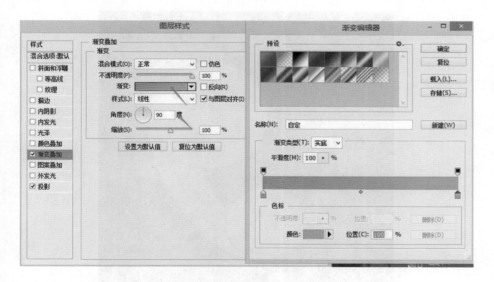

20 勾选【投影】，【混合模式】→【正片叠底】，【不透明度】设置为 60%，【角度】设置为 50 度，【距离】设置为 40 像素，【扩展】设置为 0%，【大小】设置为 45 像素。将图形放置到图中位置。

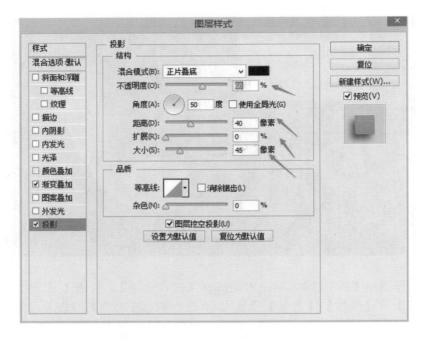

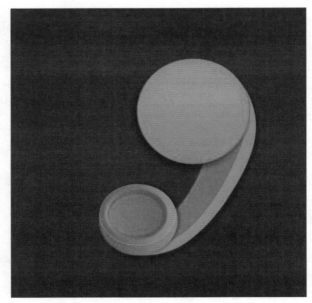

21 选择【椭圆工具】，单击画板创建椭圆，【宽度】设置为5.15厘米，【高度】设置为5.8厘米，画出一个椭圆形，将图层命名为【听筒2】。

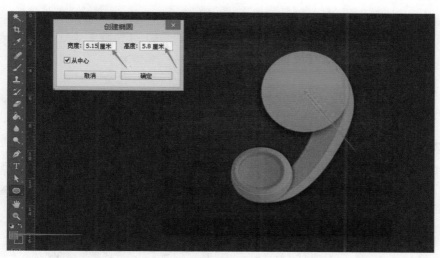

22 选择图层【听筒 2】，单击右键选择【混合选项】，选择【斜面和浮雕】，勾选【等高线】，【样式】→【描边浮雕】，【方法】→【平滑】，【深度】设置为 100%，【大小】设置为 10 像素，【软化】设置为 16 像素，【角度】设置为 0 度，【高度】设置为 30 度，【高光模式】→【滤色】，【不透明度】设置为 100%，【阴影模式】色值为 d71476。

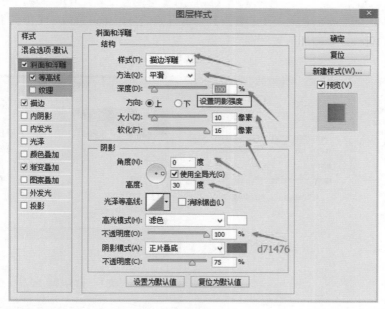

23 勾选【描边】，【大小】设置为 11 像素，【位置】→【内部】，【不透明度】设置为 100%，【填充类型】→【渐变】，单击【渐变】旁的色条，单击颜色条

添加色标，单击色标再单击下方【颜色】旁的色板，输入色值，单击【位置】数值，更改色标位置。左边色标【颜色】为 cf2769，【位置】为 0%。右边色标【颜色】为 ea96b7，【位置】为 100%。

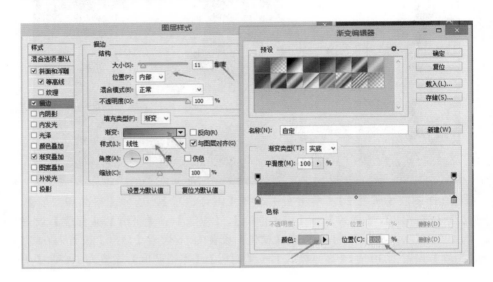

24 勾选【渐变叠加】，【样式】→【线性】，【角度】设置为 0 度，单击【渐变】的色条，从左至右的色标，【颜色】色值分别为 d0036e/fc41a3，【位置】分别为 0%/100%。将图形放置到图中位置。

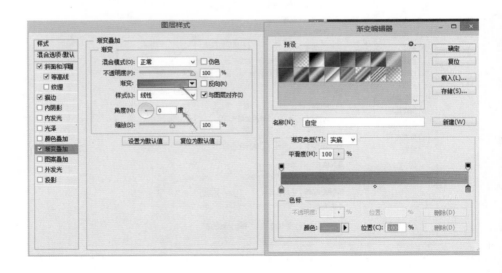

25 选择【椭圆工具】，单击画板创建椭圆，【宽度】设置为 4.33 厘米，【高度】设置为 4.66 厘米，画出一个椭圆形，将图层命名为【听筒 3】。

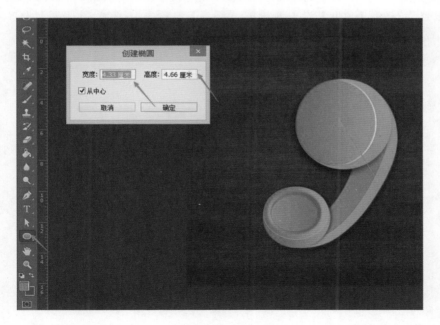

26 选择图层【听筒 3】，单击右键，选择【混合选项】，勾选【描边】，【大小】设置为 5 像素，【位置】→【外部】，【不透明度】设置为 85%，【颜色】色值为 ffa4c8。

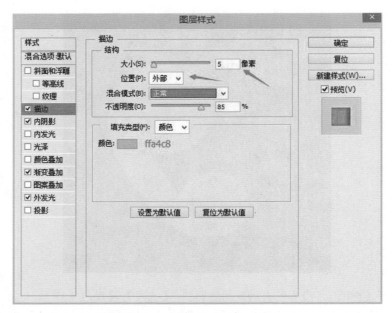

27 勾选【内阴影】,【混合模式】右侧单击色板,色值为 732543,【不透明度】设置为 60%,【角度】设置为 0 度,【距离】设置为 16 像素,【阻塞】设置为 10%,【大小】设置为 25 像素。

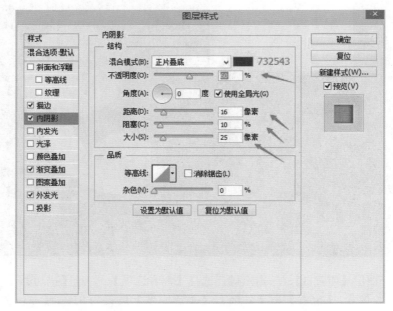

28 勾选【渐变叠加】,【样式】→【线性】,【角度】设置为 5 度,单击【渐变】

的色条，从左至右的色标，【颜色】色值分别为 f5558d/ff5d9e，【位置】分别为
0%/100%。

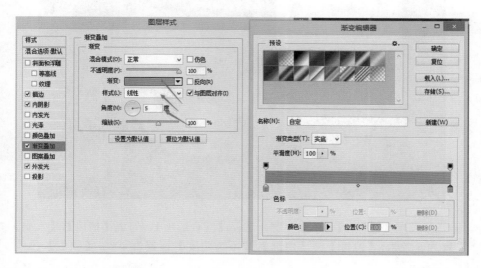

29　勾选【外发光】，颜色色值为 ffffff，【大小】设置为 23 像素。

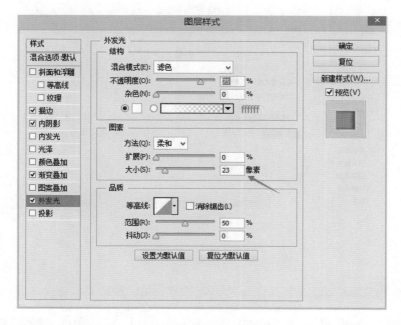

30　选择【椭圆工具】，单击画板创建椭圆，【宽度】设置为 3.73 厘米，【高度】
设置为 4.02 厘米，画出一个椭圆形，将图层命名为【听筒 4】。

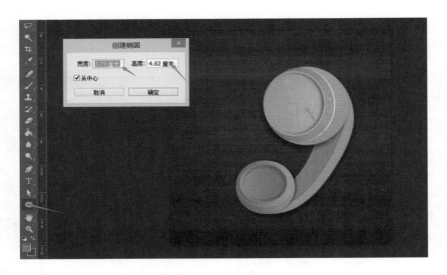

31 选择图层【听筒 4】，单击右键，选择【混合选项】，勾选【描边】，【大小】设置为 5 像素，【位置】→【内部】，【不透明度】设置为 80%，【颜色】色值为 a5084d。

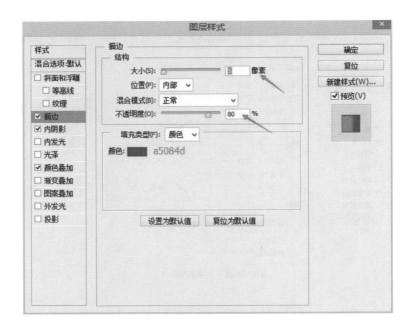

32 单击【内阴影】，【混合模式】右侧单击色板，色值为 96035c，【不透明度】设置为 75%，【角度】设置为 0 度，【距离】设置为 45 像素，【阻塞】设置为

20%,【大小】设置为 55 像素。

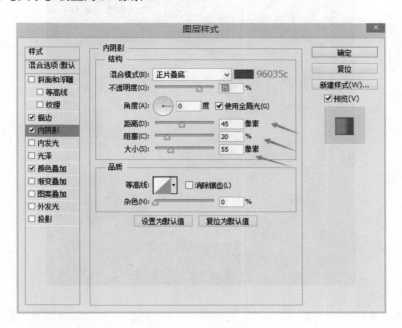

33　勾选【颜色叠加】,【混合模式】色值设置为 ee1f94,【不透明度】设置为 100%。将图形放置到图中位置。

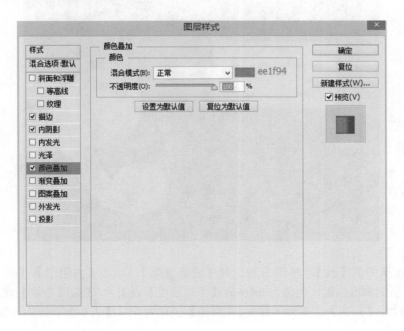

34 选择【椭圆工具】，单击画板创建椭圆，【宽度】设置为 0.39 厘米，【高度】设置为 0.44 厘米，画出一个椭圆形，将图层命名为【孔】。

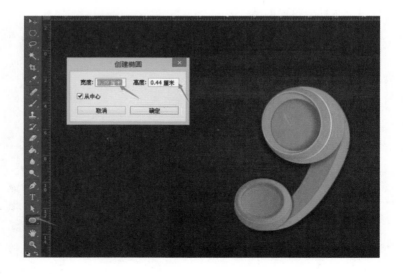

35 选择图层【孔】，单击右键选择【混合选项】，单击【内阴影】，【混合模式】右侧单击色板，色值为 fe6b9e，【不透明度】设置为 75%，【角度】设置为 −150 度，【距离】设置为 5 像素，【阻塞】设置为 0%，【大小】设置为 2 像素。

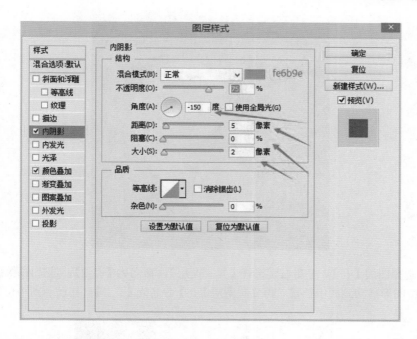

36 勾选【颜色叠加】，【混合模式】色值设置为 b30d60，【不透明度】设置为 100%。将图形放置到图中位置。

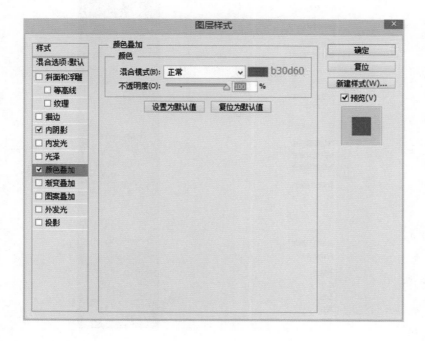

37 选择图层【孔】，单击右键选择【复制图层】，命名为【孔 2】，选择图层【孔2】将图形移动到图中位置。再复制图层【孔】命名为【孔 3】，移动到图中位置。

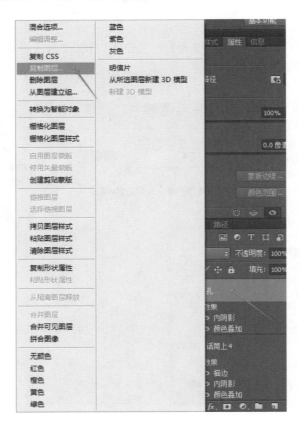

38 按住 Shift 键，同时选择图层【孔】、【孔 2】、【孔 3】，单击右键选择【复制图层】，选择图层【孔拷贝】、【孔 2 拷贝】、【孔 3 拷贝】，单击右键选择【合并形状】，命名图层为【孔 2 排】，选择图层【孔 2 排】复制一层，命名为【孔

3 排】，将图形排列为图中分布。

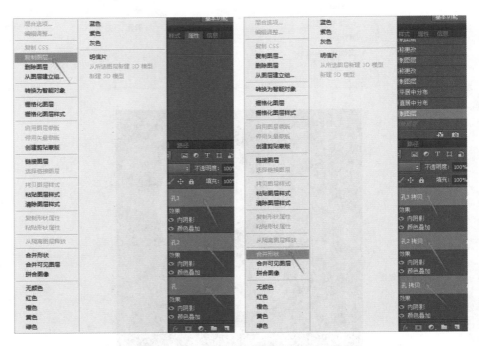

39 单击【自定工具选择】，选择【红心形卡】，【宽度】设置为 4.67 厘米，【高度】设置为 4.58 厘米，将图层命名为【心 1】。

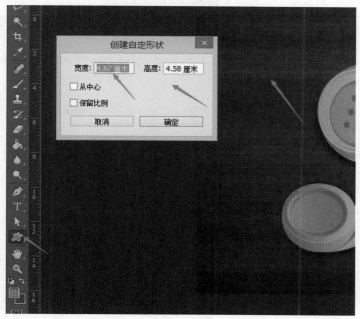

40 选择图层【心 1】，单击右键选择【混合选项】，选择【斜面和浮雕】，【样式】→【内斜面】，【方法】→【平滑】，【深度】设置为 146%，【大小】设置为 17 像素，【软化】设置为 16 像素，勾选【使用全局光】，【角度】设置为 0 度，【高度】设置为 30 度，【阴影模式】色值为 fd3525。

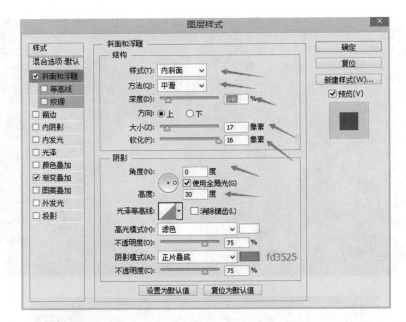

41 勾选【渐变叠加】,【样式】→【线性】,【角度】设置为 0 度,单击【渐变】的色条,从左至右的色标,【颜色】色值分别为 f86240/f86e2d/d644d0/fa9759,【位置】分别为 0%/32%/69%/100%。

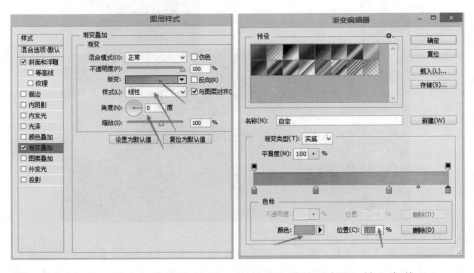

42 选择【钢笔工具】勾出图中轮廓。单击【设置前景色】,输入色值 ec3901。单击【创建新图层】,将图层命名为【心 1 高光】,选择【钢笔工具】,在图上单击右键选择【填充路径】,【使用】→【前景色】。

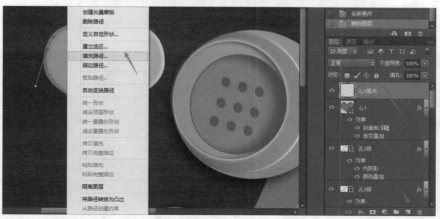

43 选择图层【心 1 高光】，单击【滤镜】→【模糊】→【高斯模糊】，【半径】
设置为 8.0 像素。将图层【不透明度】设置为 26%。

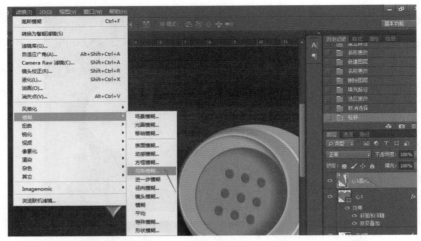

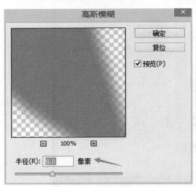

44 按住 Shift 键，同时选择图层【心 1】和【心 1 高光】，按 Ctrl+T 快捷键，同时按住 Shift 键，将图形逆时针旋转 30 度左右，得到图中效果。

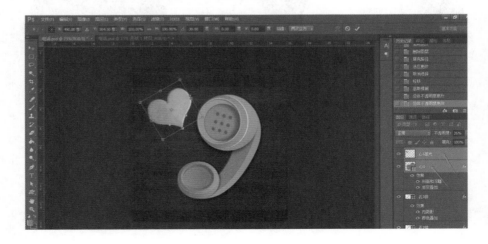

45 按住 Shift 键，同时选择图层【心 1】和【心 1 高光】，单击右键选择【复制图层】，选择复制出来的两层，按 Ctrl+T 快捷键将图形顺时针旋转 60 度左右并等比例缩小。

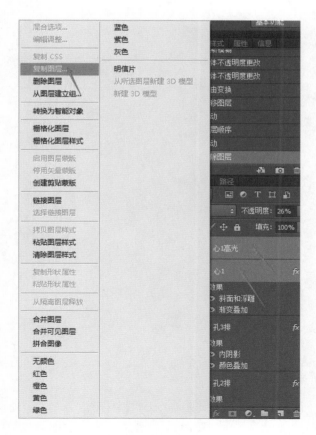

46 将复制出来的心形移动到图中位置，完成。

第7章

制作一个写实的镜头图标

01 打开 PS，单击【文件】→【新建】。

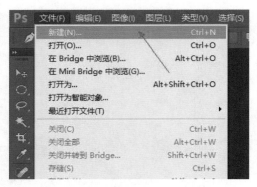

02 【名称】命名为镜头，【宽度】和【高度】均设置为 16 厘米，【分辨率】为 300，【颜色模式】为 RGB。

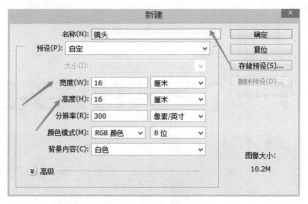

03 按 Ctrl+R 快捷键调出标尺，横向和纵向都将参考线拉到 8 厘米的位置。

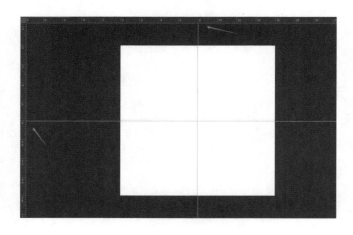

04 单击【文件】→【置入】，选择文件黑色背景，单击【置入】，之后选择任意工具，询问是否置入，选择【置入】。

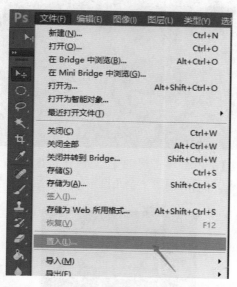

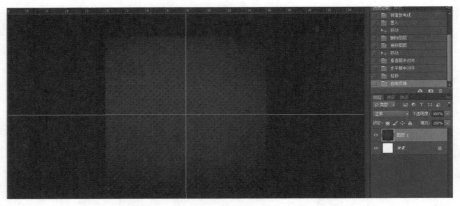

05 选择【椭圆工具】，单击参考线的交点处，【宽度】和【高度】均设置为 12.5 厘米，勾选【从中心】，画出一个正圆形，将图层命名为【1】。

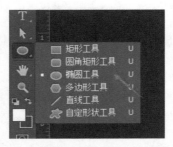

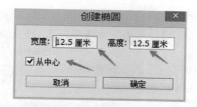

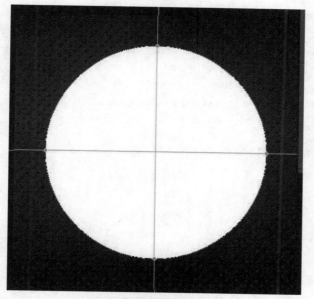

06 选择图层【1】，单击下方的 fx 添加图层样式，选择【渐变叠加】。

【样式】→【角度】，单击【渐变】的颜色面板（箭头处），在渐变条上单击 3 次添加 3 个色标。单击【色标】，单击下方【颜色】，在弹出的颜色面板输入色值。

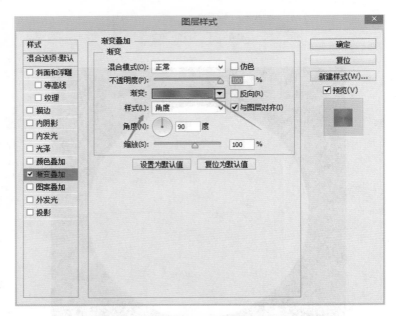

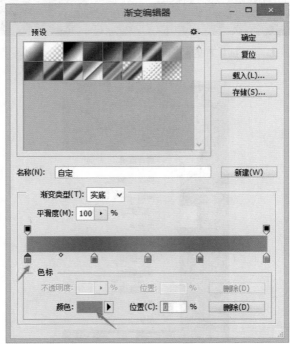

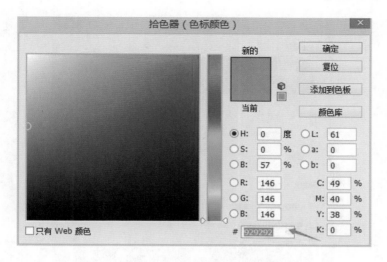

07 5 个色标的【色值】从左到右分别为 929292/6c6c6c/8e8e8e/757575/929292。

08 单击色标修改下面的【位置】数值，5 个色标的【位置】数值从左到右分别为 0%/28%/50%/72%/100%。

单击【确定】得到一个渐变的圆。

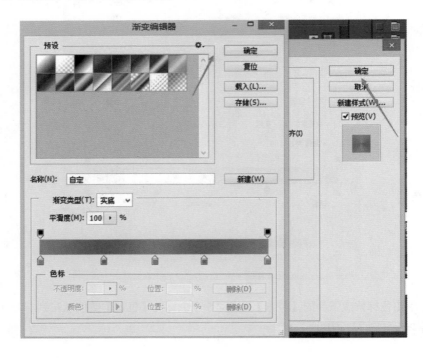

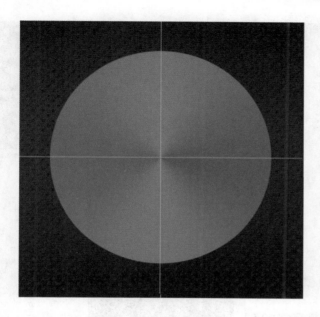

09 选择图层【1】，双击【效果】，单击【描边】，【大小】设置为 20 像素，【位置】为外部，单击【颜色】处的色板，输入色值 434343。

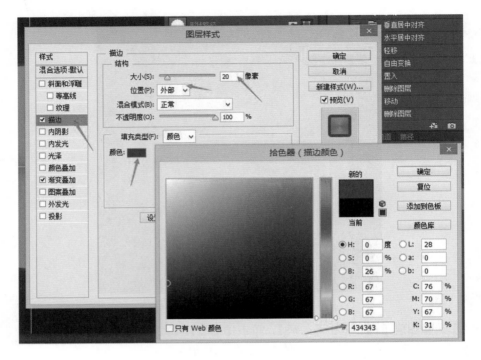

10 选择【椭圆工具】，单击参考线交点，【宽度】和【高度】均设置为 10.5 厘米，将图层命名为【2】。

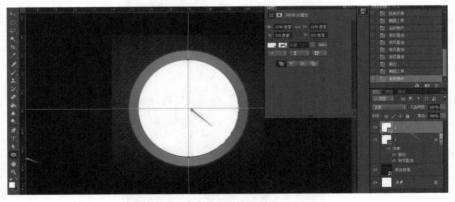

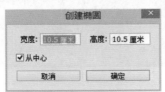

11 选择图层【2】，单击下方 *fx* 添加图层样式，单击【渐变叠加】，【样式】→
【线性】，【角度】设置为 −90 度，单击【渐变】的色条，选择左侧的色标，【颜
色】色值为 1a1a1a，【位置】为 0%；选择右侧的色标，【颜色】色值为 bfbfbf，【位
置】为 100%。

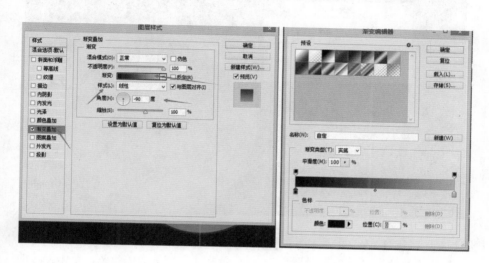

画出第二个渐变的圆。

⓬ 单击【椭圆工具】，单击参考线的交点创建椭圆，【宽度】和【高度】均设置为 10 厘米，将新建的图层命名为【3】。

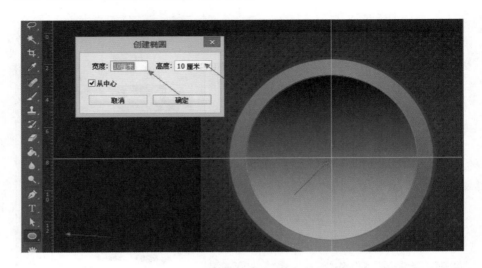

⓭ 选择图层【3】，单击下方的 fx 添加图层样式，单击【渐变叠加】，【样式】→【线性】，【角度】设置为 90 度，单击【渐变】旁的色条，单击左边的色标，单击【颜色】旁的色板，色值为 383838；单击右边的色标，单击【颜色】旁的色板，色值为 626262。

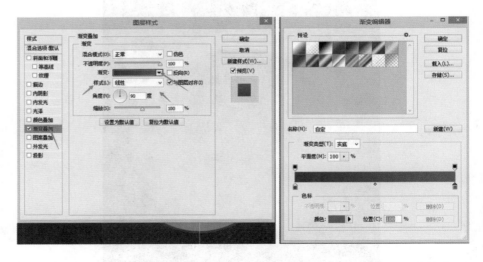

⓮ 选择图层【3】，单击下方的 fx 添加图层样式，单击【描边】，【大小】设置为 12 像素，【位置】→【外部】，【填充类型】→【渐变】，单击【渐变】旁

的色条，单击左边的色标，单击【颜色】旁的色板，色值为 121212；单击右
边的色标，单击【颜色】旁的色板，色值为 474747。

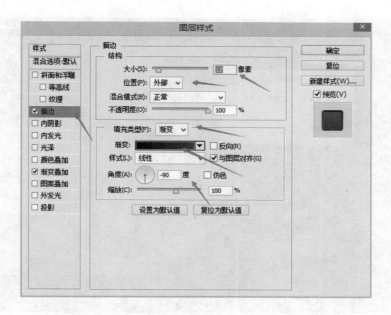

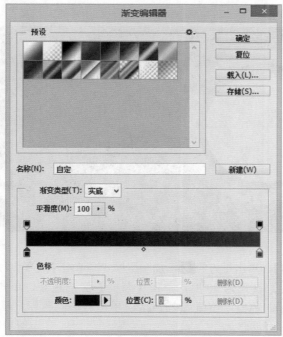

15 选择【椭圆工具】，单击参考线交点创建圆，【宽度】和【高度】均设置为
9 厘米，将新建的图层命名为【4】。

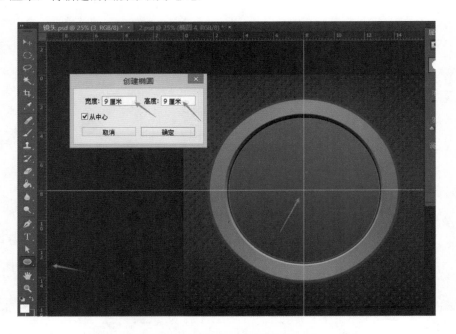

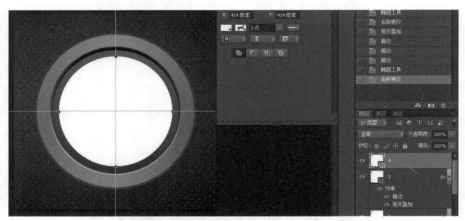

16 选择图层【4】，单击下方的 fx 添加图层样式，单击【渐变叠加】，【样式】→
【线性】，【角度】设置为 90 度，单击【渐变】旁的色条，单击左边的色标，
单击【颜色】旁的色板，色值为 2a2a2a ；单击右边的色标，单击【颜色】旁
的色板，色值为 a8a8a8。

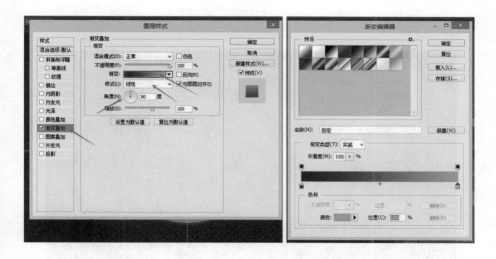

17 选择图层【4】，单击下方的 fx 添加图层样式，选择【斜面和浮雕】，勾选【等高线】，【样式】→【内斜面】，【方法】→【平滑】，【深度】设置为880%，【大小】设置为12像素，【角度】设置为 -79 度，取消勾选【使用全局光】，【高度】设置为30度。

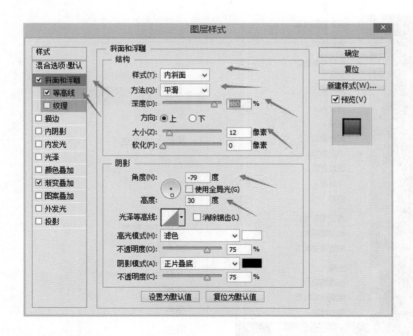

18 选择【椭圆工具】，单击参考线交点创建圆，【宽度】和【高度】均设置为

8.5 厘米，将新建的图层命名为【5】。

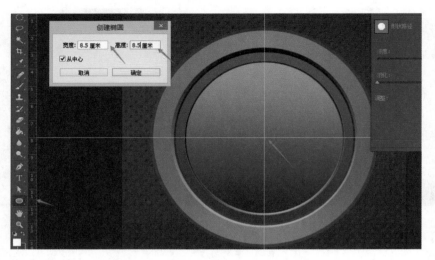

19 选择图层【4】，单击右键，单击【拷贝图层样式】，选择图层【5】，单击右键，单击【粘贴图层样式】。

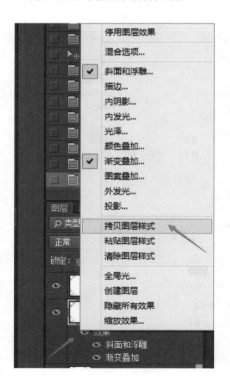
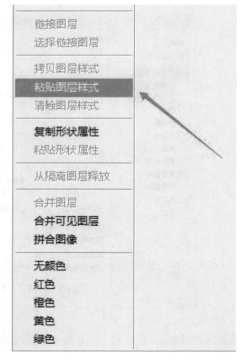

20 选择【椭圆工具】，单击参考线交点创建圆，【宽度】和【高度】均设置为 8 厘米，将新建的图层命名为【6】。选择图层【6】，单击【粘贴图层样式】。

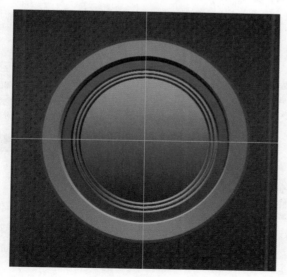

21 选择【椭圆工具】，单击参考线交点创建圆，【宽度】和【高度】均设置为 5.5 厘米，将新建的图层命名为【7】。

22 选择图层【7】，单击下方 _fx_ 添加图层样式，单击【渐变叠加】，【样式】→
【线性】，【角度】设置为 90 度，单击【渐变】的色条，选择左侧的色标，【颜色】
色值为 1a1a1a，【位置】为 0%；选择右侧的色标，【颜色】色值为 8e8e8e，【位
置】为 100%。

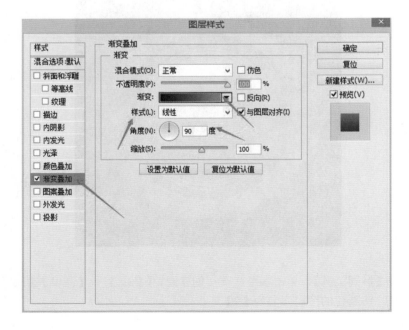

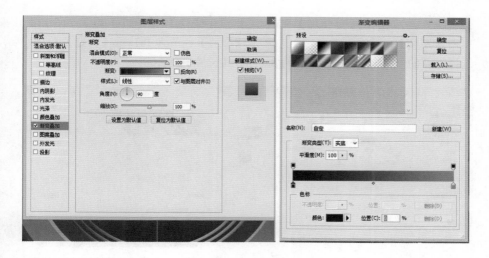

23　选择图层【7】，单击下方的 fx 添加图层样式，选择【斜面和浮雕】，【样式】→【内斜面】，【方法】→【平滑】，【深度】设置为 135%，【大小】设置为 30 像素，【软化】设置为 16 像素，取消勾选【使用全局光】，【角度】设置为 -80 度，【高度】设置为 30 度，【光泽等高线】→【画圆步骤】。

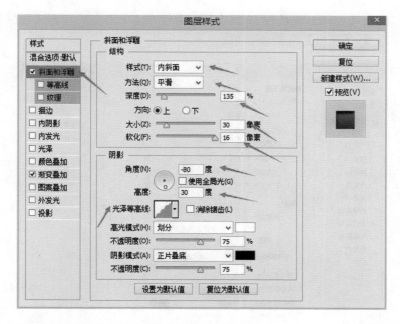

24　选择【椭圆工具】，单击参考线交点创建椭圆，【宽度】和【高度】均设置为 5.2 厘米，将新建的图层命名为【8】。选择图层【8】，单击下方 fx 添加

图层样式，单击【渐变叠加】，【样式】→【线性】，【角度】设置为 90 度，单击【渐变】的色条，选择左侧的色标，【颜色】色值为 1a1a1a，【位置】为 0%；选择右侧的色标，【颜色】色值为 8e8e8e，【位置】为 100%。

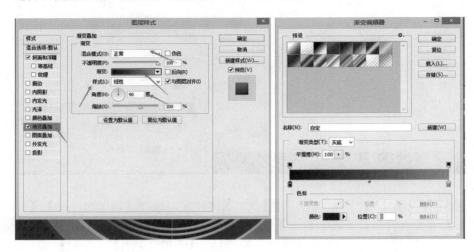

[25] 选择图层【8】，单击下方的 *fx* 添加图层样式，选择【斜面和浮雕】，【样式】→【内斜面】，【方法】→【平滑】，【深度】设置为 108%，【大小】设置为 30 像素，【软化】设置为 12 像素，取消勾选【使用全局光】，【角度】设置为 120 度，【高度】设置为 30 度。

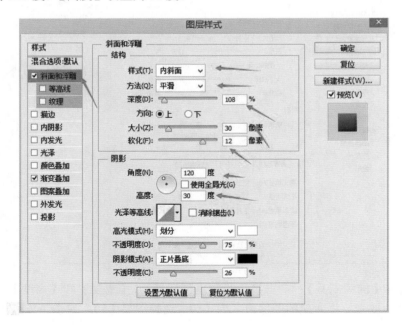

26 选择【椭圆工具】，单击参考线交点创建圆，【宽度】和【高度】均设置为
3.9 厘米，将新建的图层命名为【9】。选择图层【9】，单击下方的 fx 添加图层
样式，单击【内阴影】，【混合模式】右侧单击色板，色值为 000000，【不透明
度】设置为 90%，取消勾选【使用全局光】，【角度】设置为 –120 度，【距离】
设置为 29 像素，【阻塞】设置为 19%，【大小】设置为 68 像素。

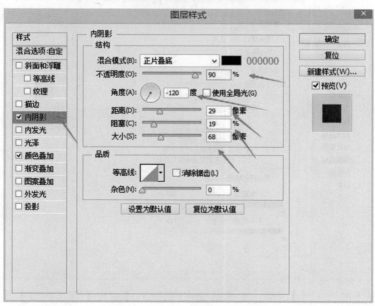

27 选择图层【9】，单击下方的 *fx* 添加图层样式，单击【颜色叠加】，色值为 000000，【不透明度】设置为 90%。勾选【混合选项】，【不透明度】设置为 90%，【填充不透明度】设置为 80%。

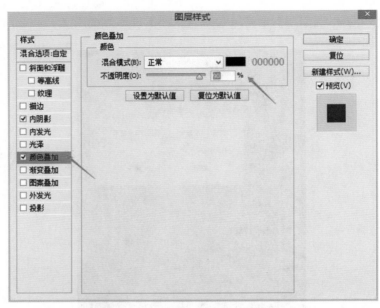

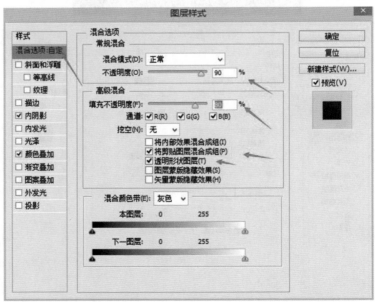

28 选择【椭圆工具】，单击参考线交点创建圆，【宽度】和【高度】均设置为

1 厘米，将新建的图层命名为【10】。

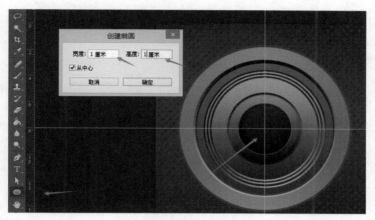

29 选择图层【10】，单击下方的 *fx* 添加图层样式，选择【斜面和浮雕】，勾选【等高线】，【样式】→【内斜面】，【方法】→【平滑】，【深度】设置为 100%，【大小】设置为 25 像素，【软化】设置为 16 像素，取消勾选【使用全局光】，【角度】设置为 120 度，【高度】设置为 30 度，【光泽等高线】→【内凹—深】，【阴影模式】色值为 aeaeae。

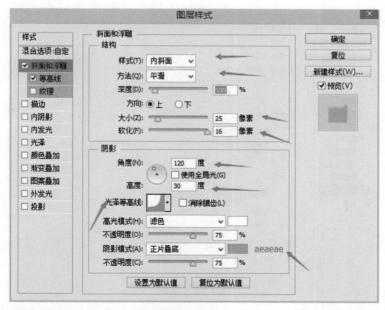

30 选择图层【10】，单击下方的 *fx* 添加图层样式，选择【光泽】，【角度】设置为 19 度，【距离】设置为 11 像素，【大小】设置为 15 像素，【等高线】→【边缘】。

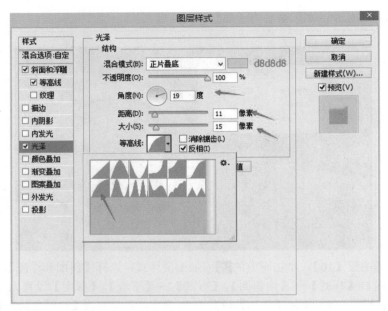

31 选择图层【10】，单击下方的 *fx* 添加图层样式，选择【外发光】,【不透明度】
设置为 70%，颜色设置为 ffffff,【扩展】设置为 6%,【大小】设置为 15 像素。

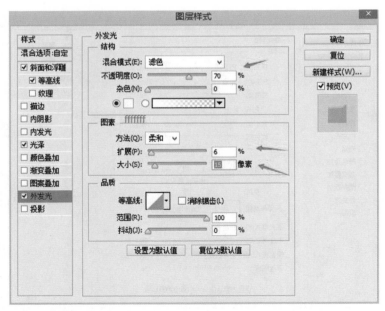

32 选择【椭圆工具】，单击参考线交点创建圆,【宽度】和【高度】均设置为 6.6
厘米，将新建的图层命名为【11】。

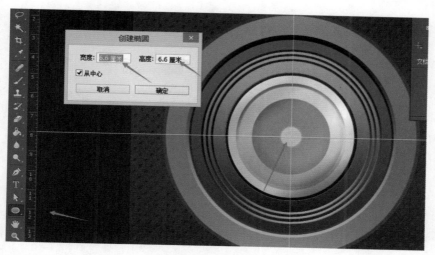

33 选择图层【11】，单击下方 fx 添加图层样式，单击【描边】，【大小】设置为
18 像素，【位置】→【内部】，单击【颜色】处的色板，色值输入 141015。单
击【颜色叠加】，【混合模式】→【亮光】，色值为 496674，【不透明度】设置
为 20%。单击【渐变叠加】，【混合模式】→【颜色减淡】，【样式】→【线性】，
【角度】设置为 120 度，单击【渐变】的色条，从左至右的色标，【颜色】色
值分别为 9933cc/003366/3399cc/9933cc/003366/3399cc，【位置】分别为 0%/8%/
26%/65%/80%/100%。单击最上方的【混合选项】，【填充不透明度】设置为 20%。

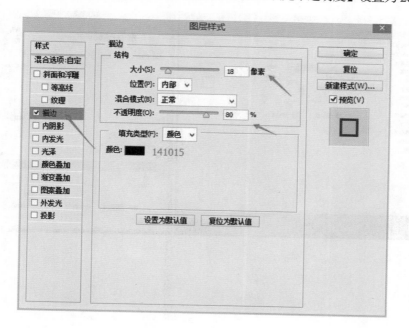

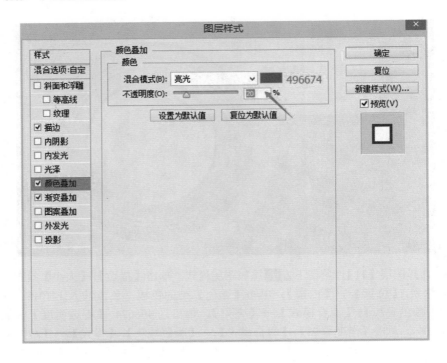

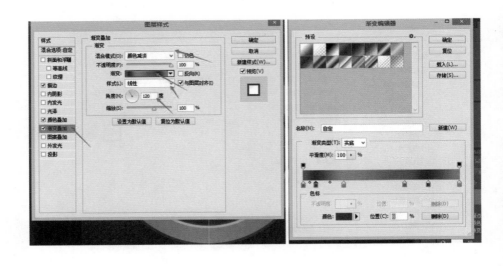

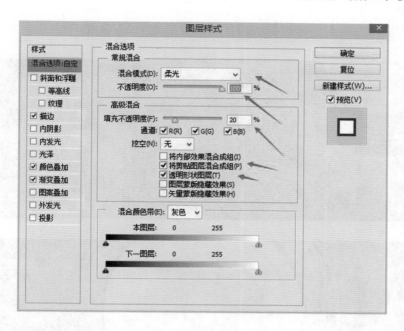

34 选择【椭圆工具】，单击参考线交点创建椭圆，【宽度】为 0.3 厘米，【高度】为 0.5 厘米，将新建的图层命名为【光 1】。

35 选择图层【光 1】，按 Ctrl+T 快捷键，之后按住 Shift 键将椭圆形逆时针旋转 30 度，并放到下图的位置。选择【滤镜】→【模糊】→【高斯模糊】，询

问是否栅格化处理，单击【确定】，【半径】设置为 3.5 像素。

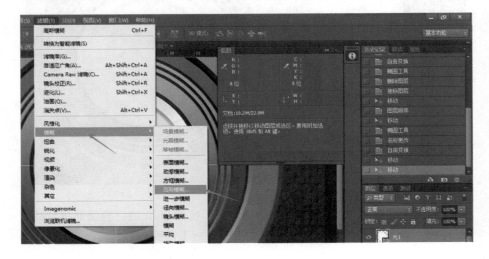

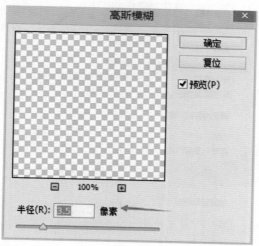

36 选择图层【光 1】，单击下方 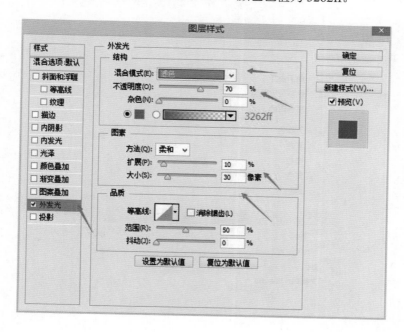 添加图层样式，单击【外发光】，【混合模式】→【滤色】，【不透明度】设置为 70%，颜色色值为 3262ff。

37 选择图层【光 1】，单击右键选择【复制图层】，命名为【光 2】，重复复制两次，分别命名为【光 3】和【光 4】。分别将【光 2】、【光 3】、【光 4】调整大小和位置到下图，并将图层【光 3】的【不透明度】设置为 70%，将图层【光 4】的【不透明度】设置为 80%。

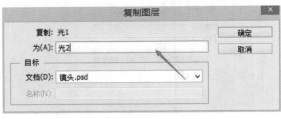

 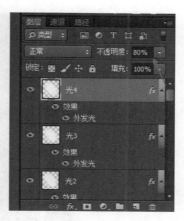

38 选择【钢笔工具】勾出图中轮廓。单击【设置前景色】，输入色值 ffffff。单击【创建新图层】，将图层命名为【高光】，选择【钢笔工具】，在图上单击右键选择【填充路径】，【使用】→【前景色】。

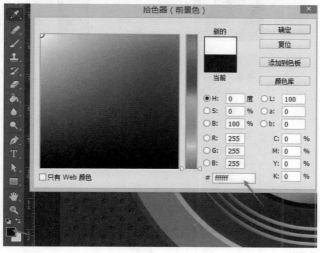

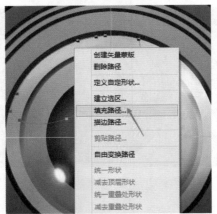

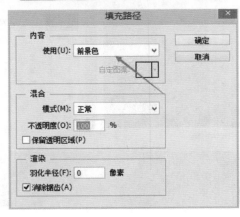

39 选择图层【高光】，选择【滤镜】→【模糊】→【高斯模糊】，单击【确定】，
【半径】设置为 4.0 像素。

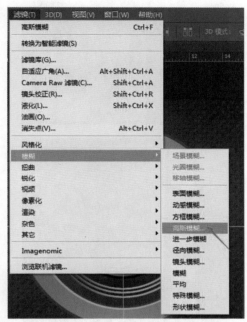

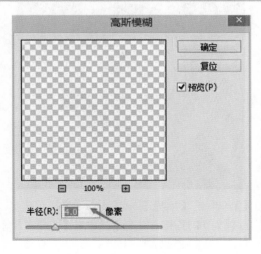

40 选择图层【高光】，设置【不透明度】为 20%，调整图层顺序，将图层【高光】放在图层【9】和图层【10】之间，得到图中效果。

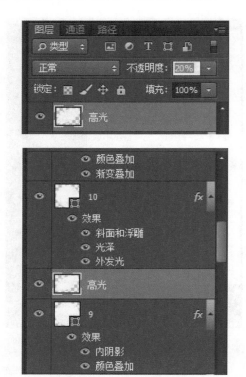

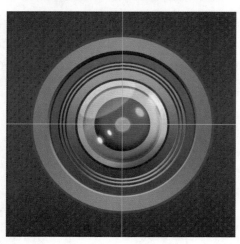

41 选择【椭圆工具】，单击【填充】→【无颜色】，单击参考线的交点，【宽度】和【高度】均设置为 11 厘米，勾选【从中心】，画出一个正圆形。

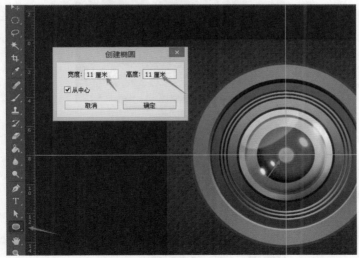

42 选择【横排文字工具】，在刚才画出的圆形路径上左上的位置单击一下，打出图中文字"smc pent ax-m 1:2.8 28mm"，单击位置即文字开始位置。将文

字图层命名为【上文字】。

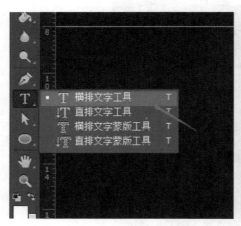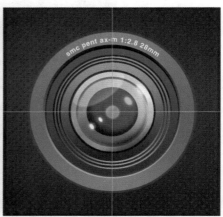

43 选择图层【上文字】，单击下方的 fx 添加图层样式，选择【内阴影】,【不透明度】设置为 65%，勾选【使用全局光】,【角度】设置为 120 度,【距离】设置为 2 像素,【大小】设置为 3 像素,【等高线】→【高斯】，杂色设置为 8%。

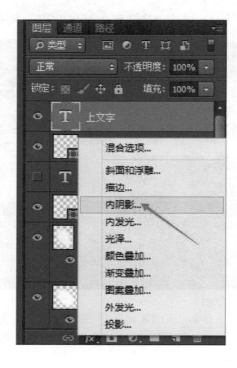

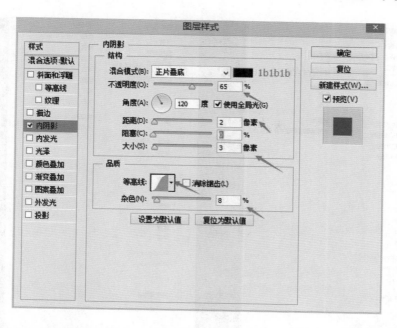

44 选择【横排文字工具】，选择椭圆图层，在刚才画出的圆形路径上右下的位置单击一下，打出图中文字"7986989 ASAHI OPT.CO.CHINA"，单击位置即文字开始位置。将文字图层命名为【下文字】。

45 选择图层【上文字】，单击右键选择【拷贝图层样式】，选择图层【下文字】，单击右键选择【粘贴图层样式】。

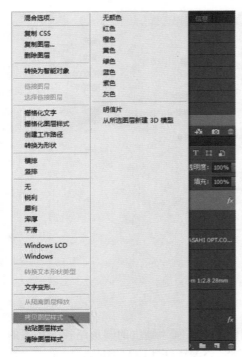 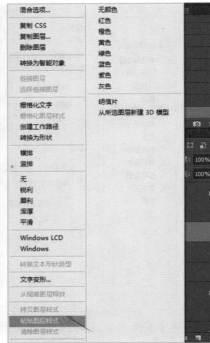

46 制作完成。

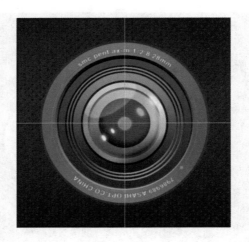

第8章

制作一个色彩鲜艳的闹钟图标

01 打开 PS，单击【文件】→【新建】。【名称】命名为闹钟,【宽度】和【高度】
均设置为 16 厘米,【分辨率】为 300,【颜色模式】为 RGB。

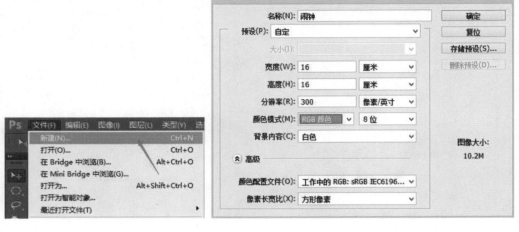

02 单击【设置前景色】，输入色值 615b5b。选择【油漆桶工具】，选择图层【背
景】，单击画板上的任意位置，将背景变成灰色的背景。

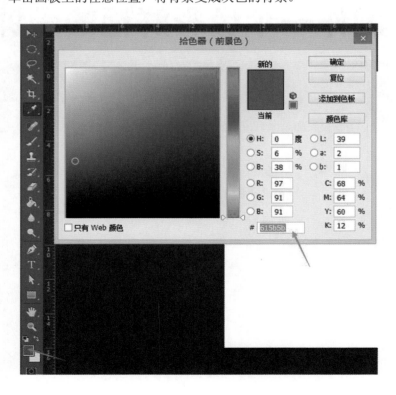

03 选择【钢笔工具】，画出图中轮廓。单击【创建新图层】，将图层命名为
【右】。单击【设置前景色】，输入色值 00cccc。

04 选择【钢笔工具】，在图上单击右键选择【填充路径】,【使用】→【前景色】。

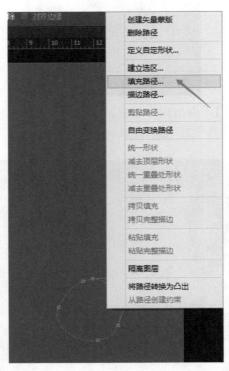

05 选择图层【右】，单击右键，选择【混合选项】，勾选【描边】,【大小】设

置为 8 像素，【位置】→【居中】，【不透明度】设置为 100%，【颜色】色值为 2ab2ae。

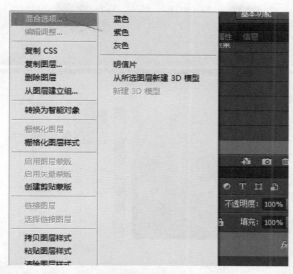

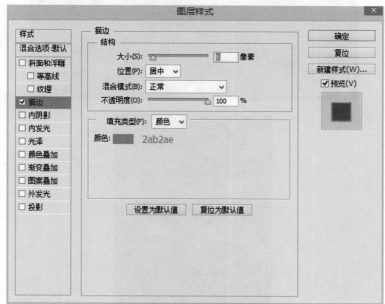

06　选择【钢笔工具】勾出图中轮廓。单击【设置前景色】，输入色值 01b0ae。单击【创建新图层】，将图层命名为【右阴影】，选择【钢笔工具】，在图上单击右键选择【填充路径】，【使用】→【前景色】。

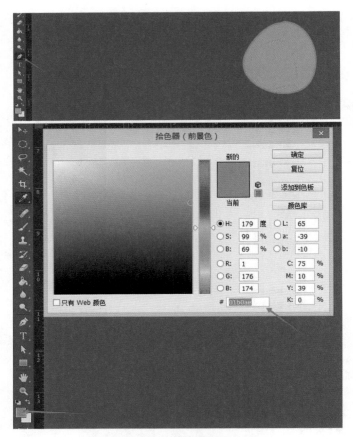

07 勾选【描边】,【大小】设置为 5 像素,【位置】→【外部】,【不透明度】设置为 18%,【颜色】色值为 1cabb5。

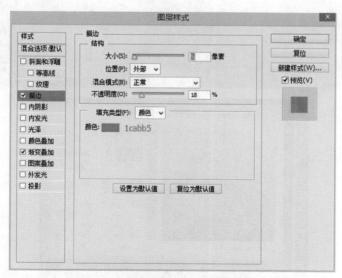

08 勾选【渐变叠加】,【样式】→【线性】,【角度】设置为 30 度,单击【渐变】旁的色条,单击颜色条添加色标,单击色标再单击下方【颜色】旁的色板,输入色值,单击【位置】数值,更改色标位置。左边色标色值为 00dcdd,【位置】为 0% ; 右边色标色值为 00bfbf,【位置】为 50%。

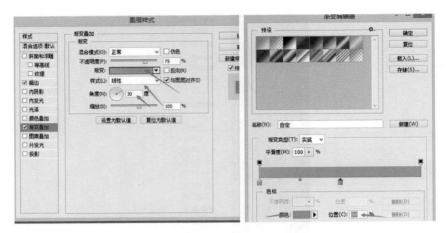

09 选择【钢笔工具】勾出图中轮廓。单击【设置前景色】，输入色值 a8f6ff。单击【创建新图层】，将图层命名为【右高光】，选择【钢笔工具】，在图上单击右键选择【填充路径】，【使用】→【前景色】。

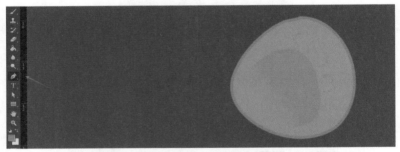

10 选择图层【右高光】，选择【滤镜】→【模糊】→【高斯模糊】，【半径】设置为 2.0 像素。

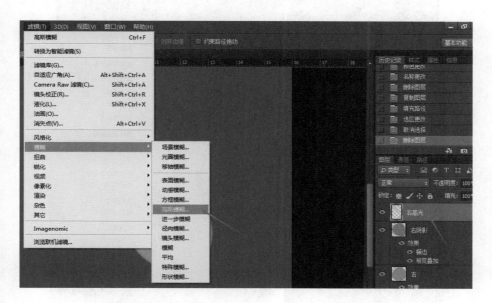

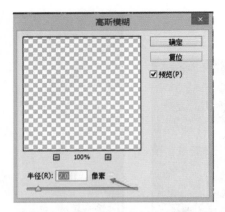

11 选择【钢笔工具】勾出图中轮廓。单击【创建新图层】，将图层命名为【左】，选择【钢笔工具】，在图上单击右键选择【填充路径】，【使用】→【前景色】。

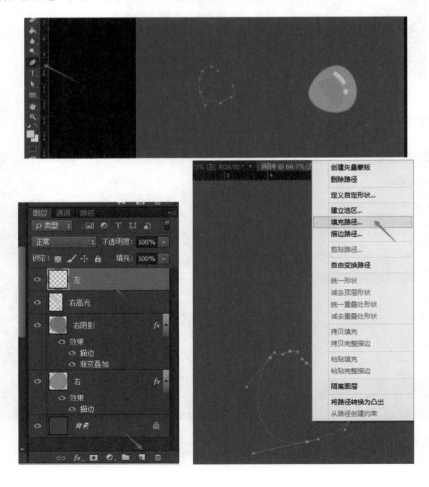

🔢 选择图层【左】，单击右键，选择【混合选项】，勾选【描边】，【大小】设置为
6 像素，【位置】→【外部】，【不透明度】设置为 82%，【颜色】色值为 008078。

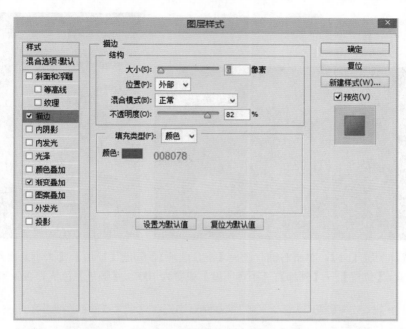

🔢 勾选【渐变叠加】，【样式】→【线性】，【角度】设置为 −56 度，单击【渐变】
的色条，从左至右的色标，【颜色】色值分别为 07b5a9/00c1ac/009480/07a093，
【位置】分别为 0%/32%/65%/88%。

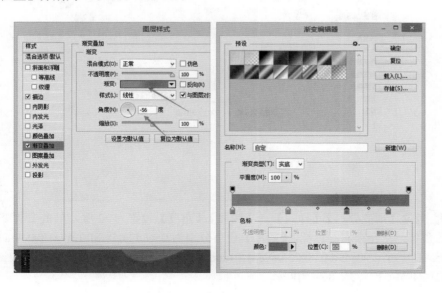

14 选择【钢笔工具】勾出图中轮廓。单击【创建新图层】，将图层命名为【外】，选择【钢笔工具】，在图上单击右键选择【填充路径】，【使用】→【前景色】。

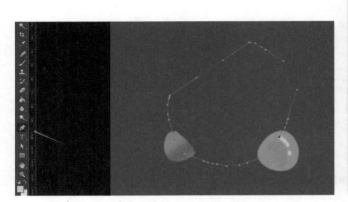

15 选择图层【外】，单击右键，选择【混合选项】，勾选【描边】，【大小】设置为10 像素，【位置】→【外部】，【不透明度】设置为100%，【颜色】色值为2e9790。

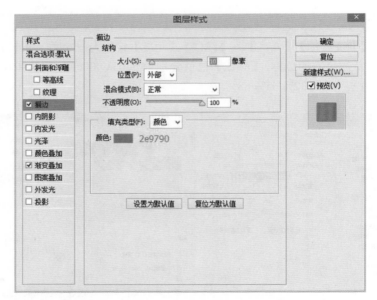

16 勾选【渐变叠加】,【样式】→【线性】,【角度】设置为-2 度，单击【渐变】的色条，从左至右的色标，【颜色】色值分别为05c8d2/058f8f/09a7a1/04948a/01aa9f/01969d/00a49d/038875/0e9da1/01adb0，【位置】分别为0%/17%/23%/27%/35%/49%/63%/73%/86%/100%。

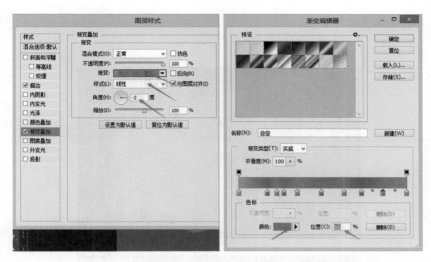

17 选择【钢笔工具】勾出图中轮廓。单击【设置前景色】，输入色值 00d2d0。
单击【创建新图层】，将图层命名为【圆盘】，选择【钢笔工具】，在图上单击
右键选择【填充路径】，【使用】→【前景色】。

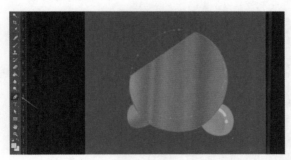

18 选择【钢笔工具】勾出图中轮廓。单击右键选择【建立选区】，单击 Delete 键删除选区内容，按 Ctrl+D 快捷键取消选择。

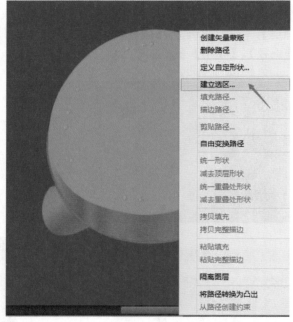

19 选择图层【圆盘】单击右键选择【混合选项】，勾选【斜面和浮雕】，选择图层 10，单击下方的 *fx* 添加图层样式，选择【斜面和浮雕】，【样式】→【内斜面】，【方法】→【平滑】，【深度】设置为 52%，【大小】设置为 28 像素，【软化】设置为 0 像素，取消勾选【使用全局光】，【角度】设置为 120 度，【高度】设置为 30 度，【阴影模式】色值为 047b6e。勾选【等高线】，【范围】设置为 50%。

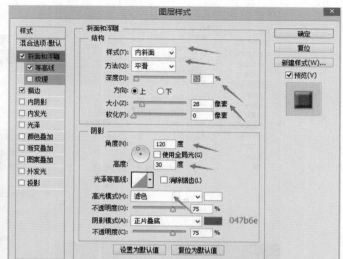

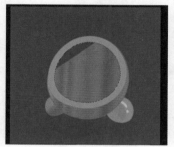

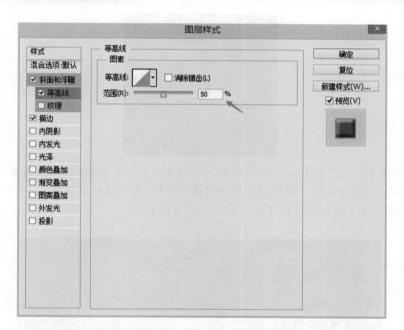

20　勾选【描边】,【大小】设置为 9 像素,【位置】→【外部】,【不透明度】设置为 100%,【填充类型】→【渐变】,单击【渐变】的色条,从左至右的色标,【颜色】色值分别为 1dacaa/41bdb5,【位置】分别为 0%/100%,得到图中效果。

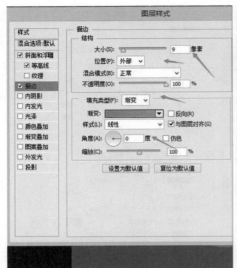

21 选择【钢笔工具】勾出图中轮廓。单击【设置前景色】，输入色值 e74b4f。单击【创建新图层】，将图层命名为【表盘 1】，选择【钢笔工具】，在图上单击右键选择【填充路径】，【使用】→【前景色】。

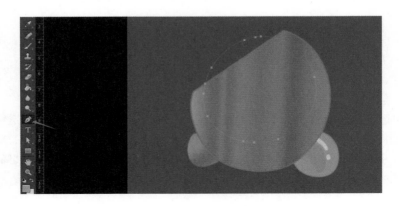

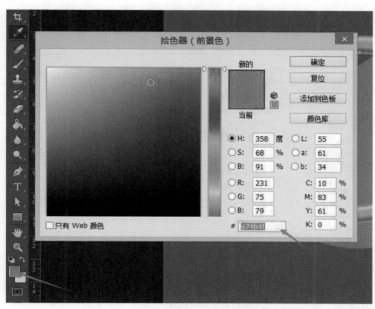

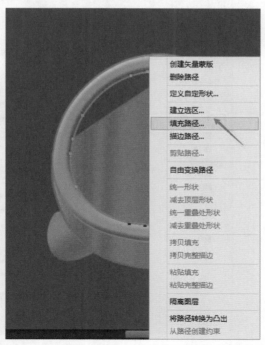

22 勾选【内发光】,【混合模式】→【正常】, 单击颜色色板, 色值为 1b1b1b,【阻塞】设置为 18%,【大小】为 61 像素,【等高线】→【高斯】,【范围】设置为

80%，【抖动】设置为 0%。

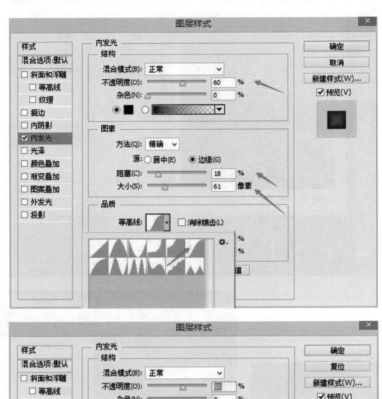

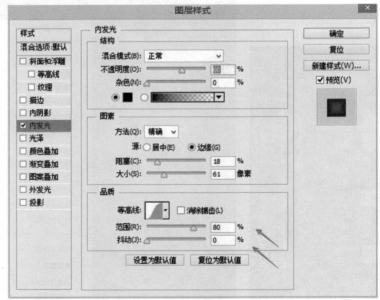

23 选择【钢笔工具】勾出图中轮廓。单击【设置前景色】，输入色值 ff6826。单击【创建新图层】，将图层命名为【表盘 2】，选择【钢笔工具】，在图上单击右键选择【填充路径】，【使用】→【前景色】，得到图中效果。

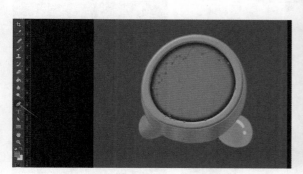

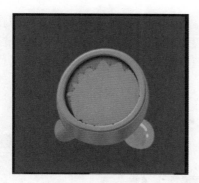

24 选择【钢笔工具】勾出图中轮廓。单击【设置前景色】，输入色值 c85b1f。
单击【创建新图层】，将图层命名为【表盘 3】，选择【钢笔工具】，在图上单
击右键选择【填充路径】，【使用】→【前景色】。

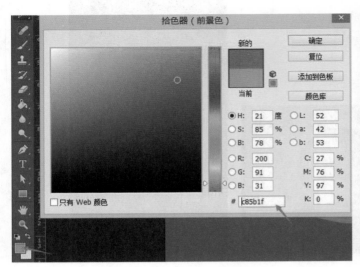

25 选择图层【底 3】，单击右键选择【混合选项】，勾选【渐变叠加】，【样式】→【径向】，【角度】选择设置为 -55 度，单击【渐变】的色条，从左至右的色标，【颜色】色值分别为 ce5b44/b7562f/a03a45，【位置】分别为 0%/49%/100%。

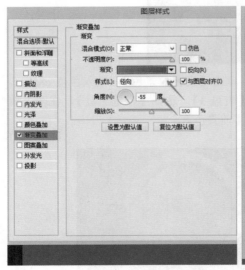
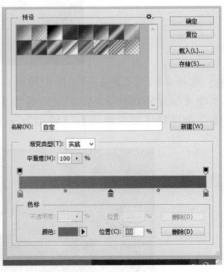

26 选择【钢笔工具】勾出图中轮廓。单击【设置前景色】，输入色值 f9f404。
单击【创建新图层】，将图层命名为【刻度 1】，选择【钢笔工具】，在图上单
击右键选择【填充路径】，【使用】→【前景色】。

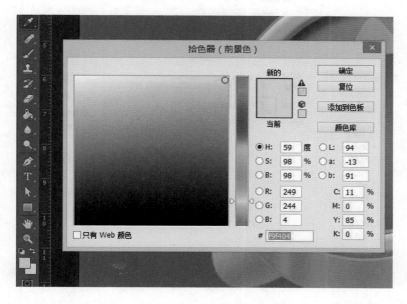

27 选择图层【刻度 1】，单击右键选择【混合选项】，勾选【斜面和浮雕】，【样
式】→【内斜面】，【方法】→【平滑】，【深度】设置为 380%，【大小】设置
为 250 像素，【软化】设置为 15 像素，取消勾选【使用全局光】，【角度】设
置为 120 度，【高度】设置为 30 度，【阴影模式】色值为 ffffff。勾选【等高线】
范围设置为 50%。

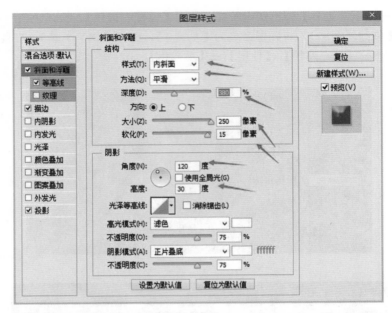

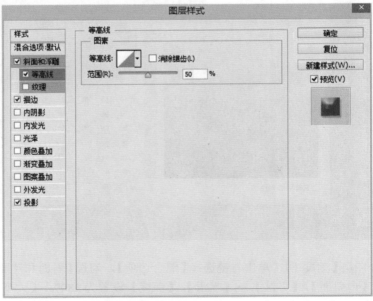

28 勾选【描边】,【大小】设置为 5 像素,【位置】→【外部】,【不透明度】设置为 100%,【填充类型】→【渐变】,单击【渐变】旁的色条,单击颜色条添加色标,单击色标再单击下方【颜色】旁的色板,输入色值,单击【位置】数值,更改色标位置。左边色标【颜色】为 e98502,【位置】为 0%;右边色标【颜色】

为 ffffff,【位置】为 100%。单击右边上方的色标，将【不透明度】设置为 0%。

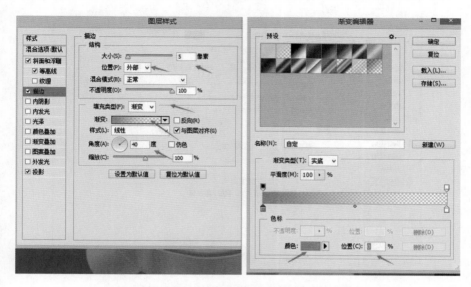

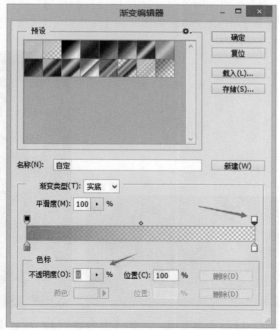

29 勾选【阴影】,【混合模式】→【正片叠底】，颜色色值为 1b1b1b,【不透明度】设置为 35%,【角度】设置为 128 度,【距离】设置为 17 像素,【扩展】设置为 19%,【大小】设置为 9 像素。

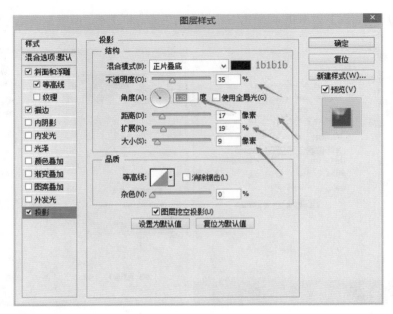

30 选择【钢笔工具】勾出图中轮廓。单击【创建新图层】，将图层命名为【刻度2】，选择【钢笔工具】，在图上单击右键选择【填充路径】，【使用】→【前景色】。

31 选择图层【刻度2】，单击右键，选择【混合选项】，勾选【斜面和浮雕】，【样式】→【内斜面】，【方法】→【平滑】，【深度】设置为286%，【大小】设置为182像素，【软化】设置为15像素，勾选【使用全局光】，【角度】设置为120度，【高度】设置为30度，【阴影模式】色值为ffffff。

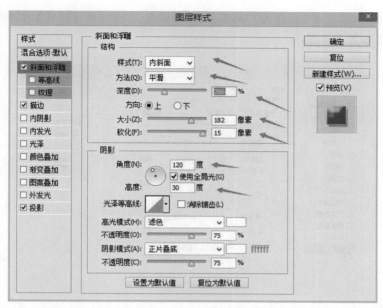

32 勾选【描边】,【大小】设置为 5 像素,【位置】→【外部】,【不透明度】设置为 100%,【填充类型】→【渐变】,单击【渐变】旁的色条,单击颜色条添加色标,单击色标再单击下方【颜色】旁的色板,输入色值,单击【位置】数值,更改色标位置。左边色标【颜色】为 e98502,【位置】为 0%;右边色标【颜色】为 ffffff,【位置】为 100%。单击右边上方的色标,将【不透明度】设置为 0%。

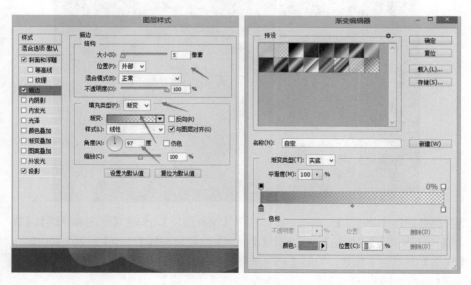

33 勾选【投影】,【混合模式】→【正片叠底】,颜色色值为 1b1b1b,【不透明度】

设置为 40%,【角度】设置为 120 度,【距离】设置为 19 像素,【扩展】设置为 3%,
【大小】设置为 7 像素。

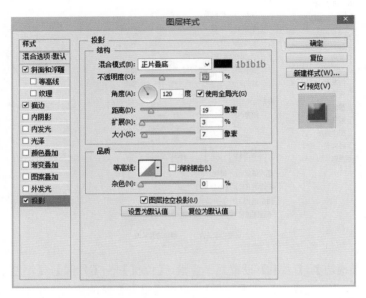

34 选择【钢笔工具】勾出图中轮廓。单击【创建新图层】,将图层命名为【刻度
3】,选择【钢笔工具】,在图上单击右键选择【填充路径】,【使用】→【前景色】。

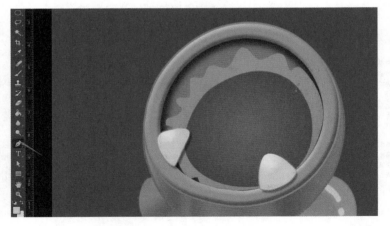

35 选择图层【刻度 3】,单击右键,选择【混合选项】,勾选【斜面和浮雕】,【样
式】→【内斜面】,【方法】→【平滑】,【深度】设置为 56%,【大小】设置为 85 像素,
【软化】设置为 5 像素,勾选【使用全局光】,【角度】设置为 120 度,【高度】设
置为 30 度,【阴影模式】色值为 fffff。勾选【等高线】,范围设置为 50%。

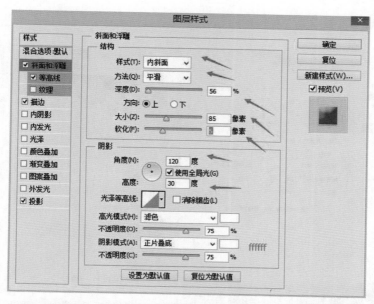

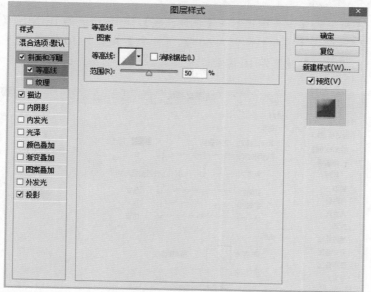

36 勾选【描边】,【大小】设置为 5 像素,【位置】→【外部】,【不透明度】设置为 100%,【填充类型】→【渐变】,【角度】设置为 180 度,单击【渐变】旁的色条,单击颜色条添加色标,单击色标再单击下方【颜色】旁的色板,输入色值,单击【位置】数值,更改色标位置。左边色标【颜色】为 e98502,【位置】为 0%;右边色标【颜色】为 ffffff,【位置】为 100%。单击右边上方的色标,

将【不透明度】设置为 0%。

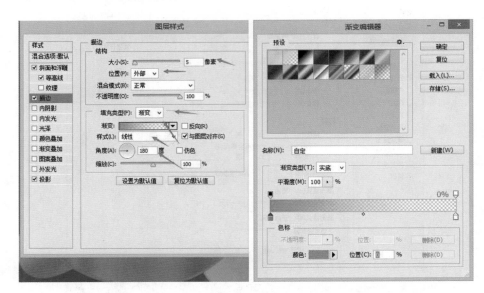

37 勾选【投影】,【混合模式】→【正片叠底】,颜色色值为 1b1b1b,【不透明度】设置为 40%,【角度】设置为 60 度,【距离】设置为 10 像素,【扩展】设置为 19%,【大小】设置为 10 像素。

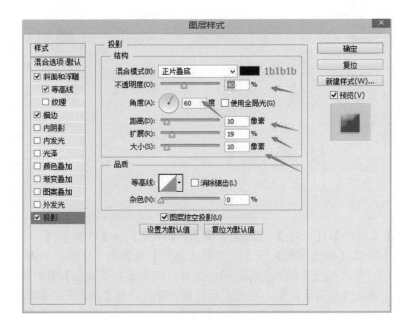

38 选择【钢笔工具】勾出图中轮廓。单击【创建新图层】，将图层命名为【刻度4】，选择【钢笔工具】，在图上单击右键选择【填充路径】,【使用】→【前景色】。

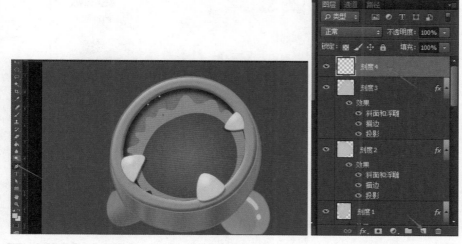

39 选择图层【刻度4】，单击右键，选择【混合选项】，勾选【斜面和浮雕】,【样式】→【内斜面】,【方法】→【平滑】,【深度】设置为200%,【大小】设置为40像素,【软化】设置为3像素，勾选【使用全局光】,【角度】设置为120度,【高度】设置为30度,【阴影模式】色值为 ffffff。勾选【等高线】，范围设置为50%。

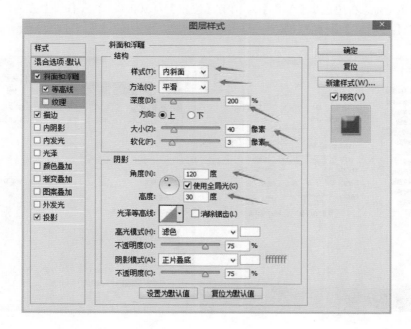

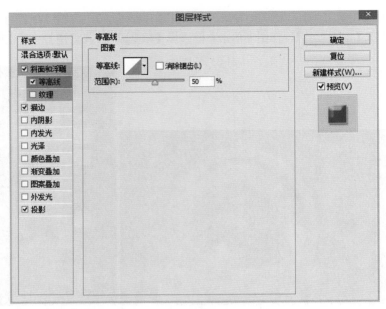

40 勾选【描边】,【大小】设置为 5 像素,【位置】→【居中】,【不透明度】设置为 47%,【填充类型】→【渐变】,【角度】设置为 180 度,单击【渐变】旁的色条,单击颜色条添加色标,单击色标再单击下方【颜色】旁的色板,输入色值,单击【位置】数值,更改色标位置。左边色标【颜色】为 e98502,【位置】为 0%;右边色标【颜色】为 ffffff,【位置】为 100%。单击右边上方的色标,将【不透明度】设置为 0%。

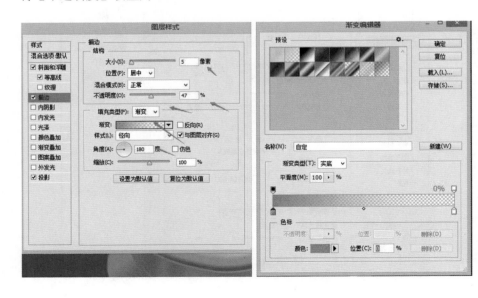

41 勾选【投影】,【混合模式】→【正片叠底】，颜色色值为 1b1b1b,【不透明度】设置为 42%,【角度】设置为 120 度,【距离】设置为 13 像素,【扩展】设置为 17%,【大小】设置为 9 像素。

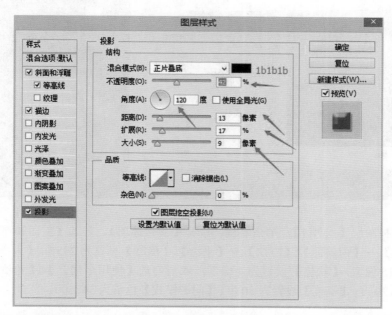

42 选择【钢笔工具】勾出图中轮廓。单击【设置前景色】，输入色值 91e200。单击【创建新图层】，将图层命名为【指针 1】，选择【钢笔工具】，在图上单击右键选择【填充路径】，【使用】→【前景色】。

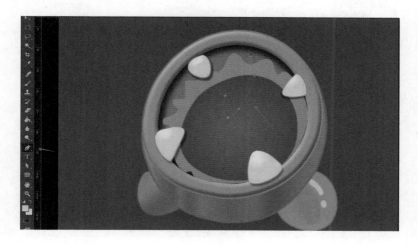

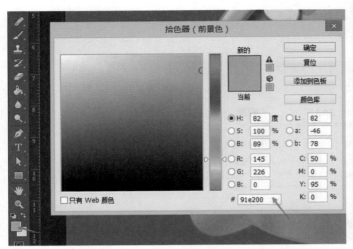

43 选择图层【指针 1】，单击右键，选择【混合选项】，勾选【斜面和浮雕】，【样式】→【内斜面】，【方法】→【平滑】，【深度】设置为 235%，【大小】设置为 16 像素，【软化】设置为 4 像素，取消勾选【使用全局光】，【角度】设置为 120 度，【高度】设置为 30 度，【阴影模式】色值为 568600。

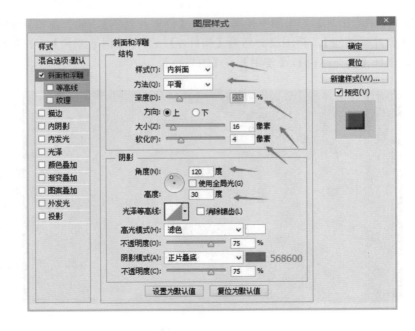

44 选择【钢笔工具】勾出图中轮廓。单击【设置前景色】，输入色值 76df00。单击【创建新图层】，将图层命名为【指针圆】，选择【钢笔工具】，在图上单击右键选择【填充路径】，【使用】→【前景色】。

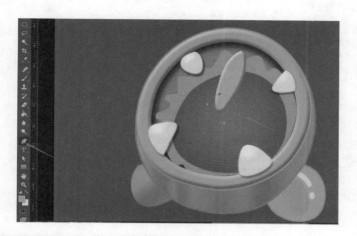

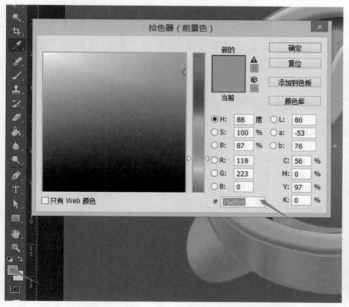

45 选择图层【指针 1】，单击右键，选择【混合选项】，勾选【斜面和浮雕】,【样式】→【内斜面】,【方法】→【平滑】,【深度】设置为 155%,【大小】设置为 120 像素,【软化】设置为 15 像素，勾选【使用全局光】,【角度】设置为 120 度,【高度】设置为 30 度。【高光模式】色值为 b6ff65,【阴影模式】色值为 399900。

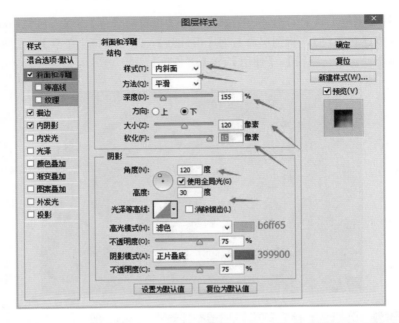

46 选择图层【右】，单击右键，选择【混合选项】，勾选【描边】，【大小】设置为 3 像素，【位置】→【内部】，【不透明度】设置为 100%，【颜色】色值为 399900。

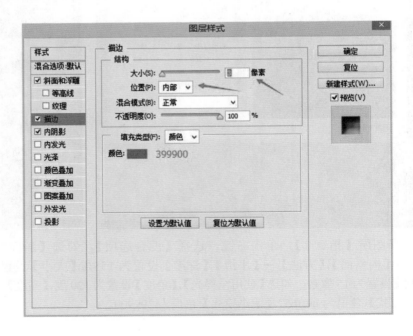

47 单击【内阴影】，单击【混合模式】右侧色板，色值设置为 399900，【不透明度】设置为 75%，勾选【使用全局光】，【角度】设置为 120 度，【距离】设置为 27 像素，【阻塞】设置为 4%，【大小】设置为 46 像素。

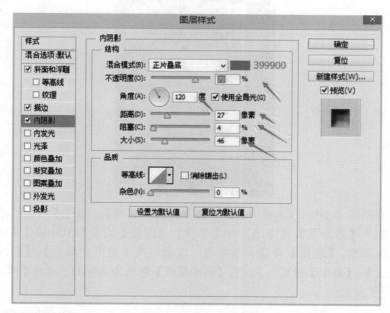

48 选择【钢笔工具】勾出图中轮廓。单击【创建新图层】，将图层命名为【指针 2】，选择【钢笔工具】，在图上单击右键选择【填充路径】,【使用】→【前景色】。

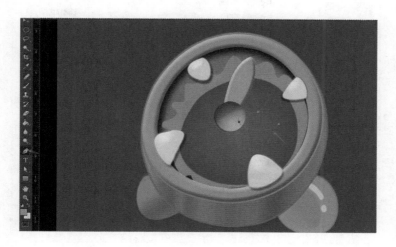

49 选择图层【指针 1】，单击右键，选择【混合选项】，勾选【斜面和浮雕】，
【样式】→【内斜面】，【方法】→【平滑】，【深度】设置为 100%，【大小】设
置为 15 像素，【软化】设置为 0 像素，取消勾选【使用全局光】，【角度】设
置为 53 度，【高度】设置为 58 度，【阴影模式】色值为 4e9400。勾选【等高线】，
范围设置为 50%。

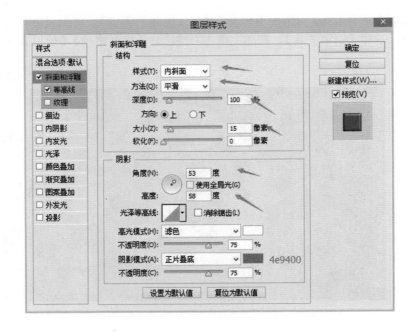

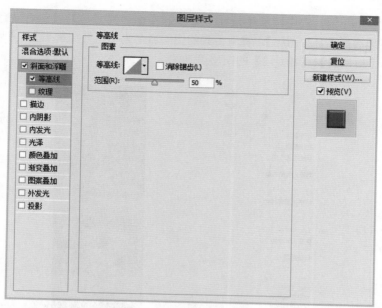

50 按住 Shift 键，选中图层【指针 1】、【指针圆】、【指针 2】，单击右键选择【复制图层】。

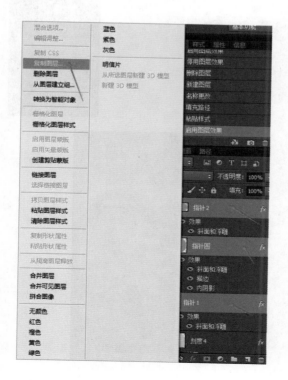

51 按住 Shift 键，选中图层【指针 1 拷贝】、【指针圆拷贝】、【指针 2 拷贝】，单击右键选择【合并图层】。将新得到的图层命名为【指针 2 拷贝】，关闭【指针 1】、【指针圆】、【指针 2】的图层可见性。

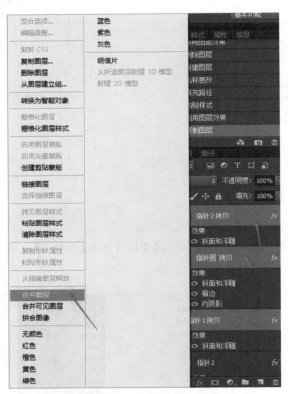

52 勾选【投影】，【混合模式】→【正片叠底】，颜色色值为 1b1b1b，【不透明度】设置为 58%，【角度】设置为 107 度，【距离】设置为 11 像素，【扩展】设置为 16%，【大小】设置为 6 像素。

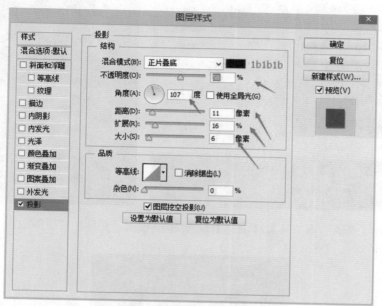

53 选择【钢笔工具】勾出图中轮廓。单击【设置前景色】，输入色值 c0ff45。单击【创建新图层】，将图层命名为【指针高光】，选择【钢笔工具】，在图上单击右键选择【填充路径】，【使用】→【前景色】。

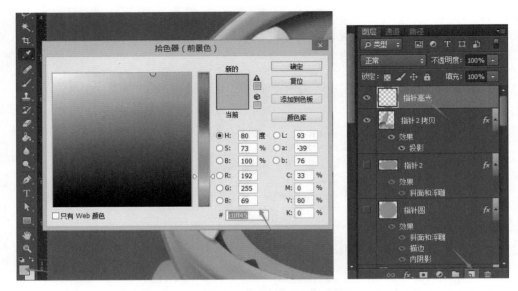

54 选择【椭圆选框工具】，【羽化】设置为 30 像素。在图中位置画出椭圆。

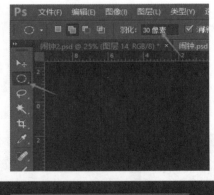

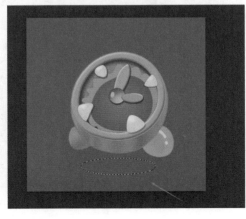

55 单击【设置前景色】，输入色值 1b1b1b。单击【创建新图层】，将图层命名为【阴影】，选择【油漆桶】，在选框内单击一下，得到图中效果。

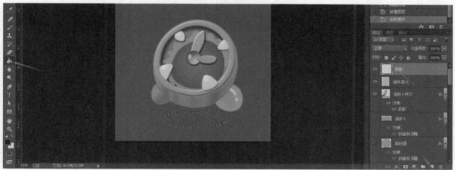

56 选择【滤镜】→【模糊】→【高斯模糊】,【半径】设置为 10.0 像素,选择图层【阴影】,将【不透明度】设置为 40%。

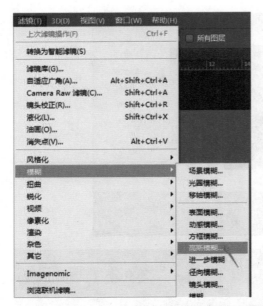

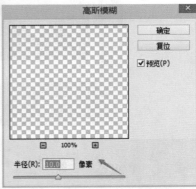

57 制作完成。

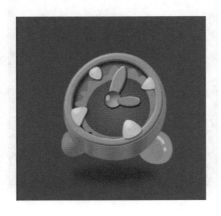

第9章

制作一个透明质感的文件夹图标

01 打开 PS，单击【文件】→【新建】。【名称】命名为【文件夹图标】,【宽度】和【高度】均设置为 16 厘米，【分辨率】为 300，【颜色模式】为 RGB。

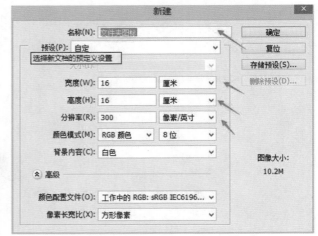

02 单击【设置前景色】，输入色值 dde7e6。选择【油漆桶工具】，选择图层【背景】，单击画板上的任意位置，将背景变成浅蓝色的背景。

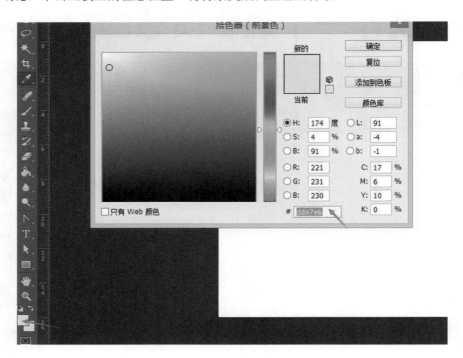

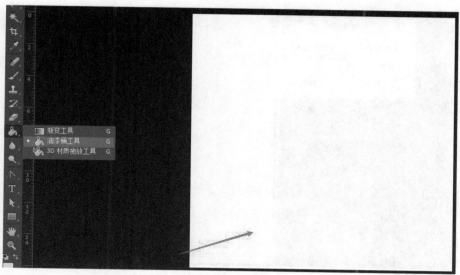

03　单击【设置前景色】，输入色值 b4defe。选择【矩形工具】，【宽度】设置为 7 厘米，【高度】设置为 9 厘米，画出一个矩形，将图层命名为【后】。

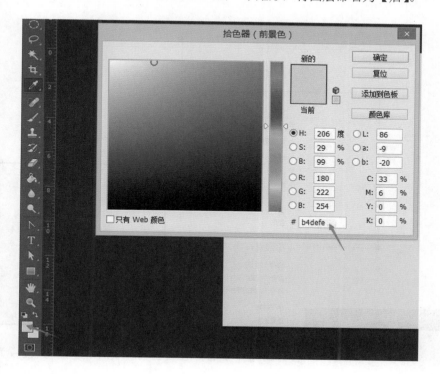

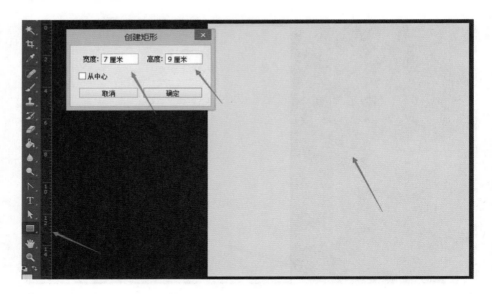

04 选择图层【后】，按 Ctrl+T 快捷键选中图形，单击右键选择斜切，调整矩形的透视关系，如下图所示。

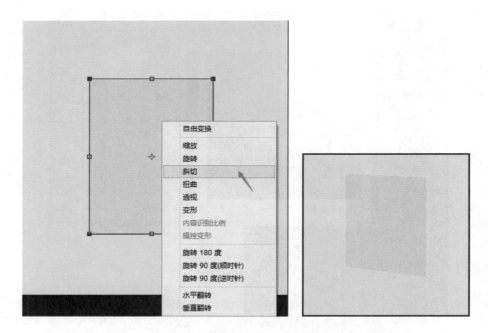

05 选择图层【后】，单击右键选择【混合选项】，【填充不透明度】设置为20%。

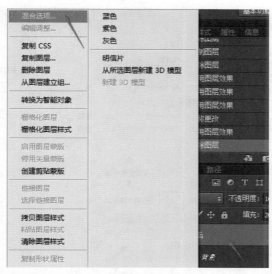

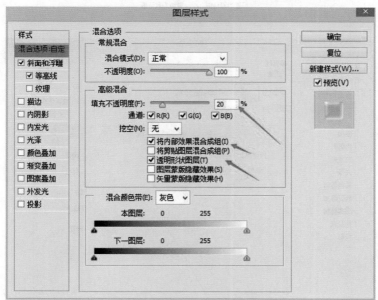

06 勾选【斜面和浮雕】,【样式】→【内斜面】,【方法】→【平滑】,【深度】设置为100%,【大小】设置为28像素,【软化】设置为8像素，取消勾选【使用全局光】,【角度】设置为130度,【高度】设置为50度,勾选【消除锯齿】,【高光模式】→【滤色】,【阴影模式】→【叠加】,色值设置为c3e6ff;勾选【等高线】,单击【等高线】旁的窗口,将曲线设置为图中位置,【范围】设置为90%。

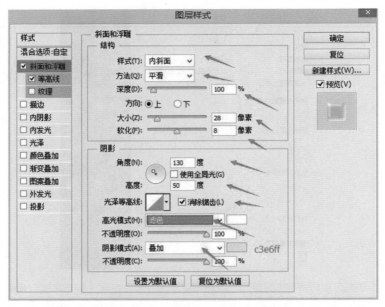

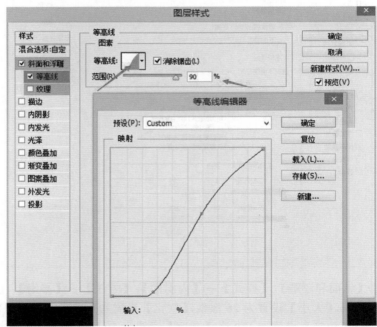

07 勾选【描边】,【大小】设置为 10 像素,【位置】→【外部】,【不透明度】
设置为 90%,【颜色】色值为 81baff。

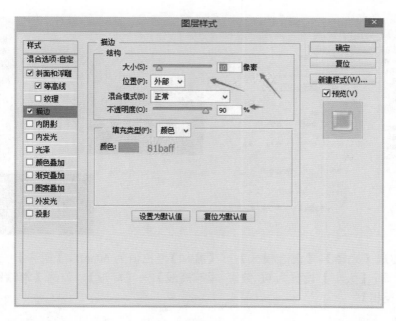

08 勾选【内阴影】，【混合模式】→【叠加】，颜色色值为304b98，【距离】设置为 28 像素，【阻塞】设置为 25%，【大小】设置为 56 像素。

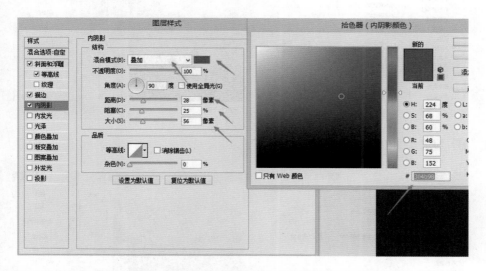

09 勾选【内发光】，【混合模式】→【正片叠底】，【不透明度】设置为 50%，颜色色值为314e9a，【大小】设置为 20 像素。

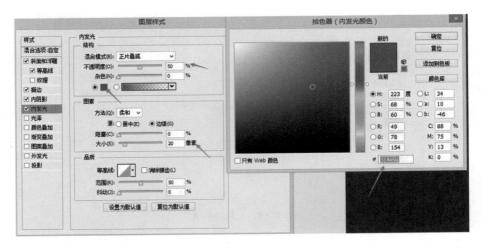

🔟 勾选【光泽】,【混合模式】→【叠加】,色值为 60acff,【距离】设置为 96 像素,【大小】设置为 96 像素,【等高线】→【环形】,勾选【消除锯齿】和【反相】。

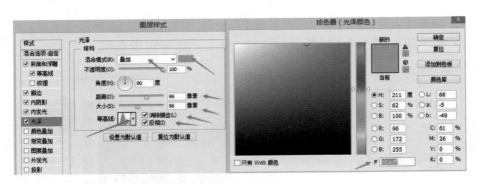

1️⃣1️⃣ 勾选【颜色叠加】,色值为 b7e1f7。

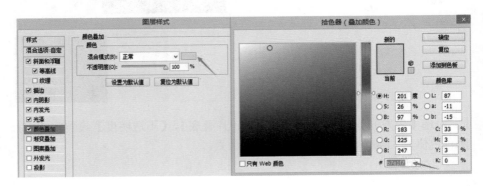

12 勾选【外发光】，【颜色】色值为 44cafe，【大小】设置为 56 像素。

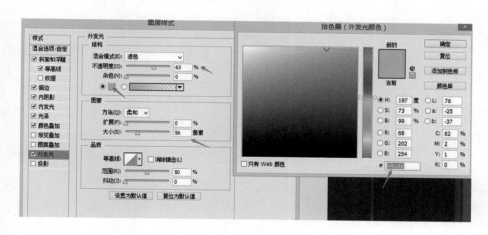

13 单击【设置前景色】，输入色值 ffffff，选择【钢笔工具】，画出图中轮廓。

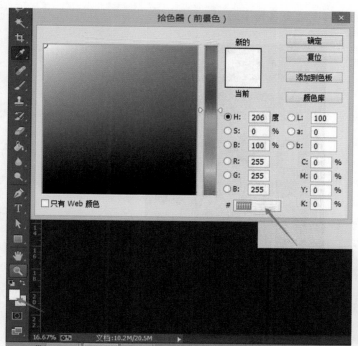

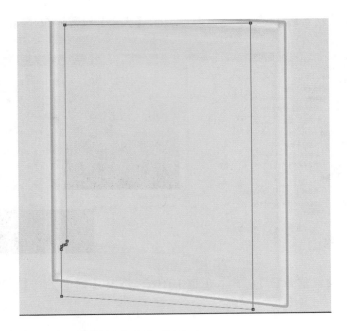

单击【创建新图层】，将图层命名为【1】。

14 选择【钢笔工具】，在图上单击右键选择【填充路径】，【使用】→【前景色】，之后单击右键选择【建立选区】，单击【确定】，按 Ctrl+D 快捷键取消选择。

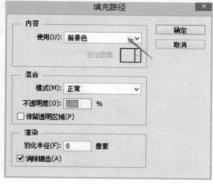

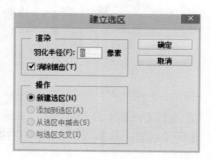

15 选择图层【1】，单击右键，选择【混合选项】，勾选【投影】，颜色色值为
1b1b1b，取消勾选【使用全局光】，角度为 -20 度，【距离】设置为 8 像素，【扩
展】设置为 10%，【大小】设置为 8 像素，【等高线】→【高斯】。

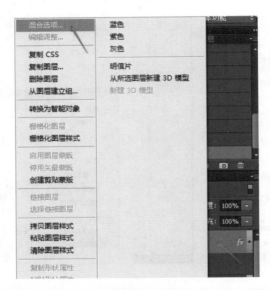

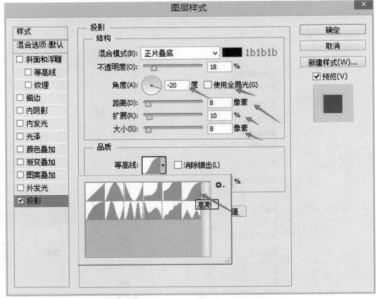

16 选择【钢笔工具】勾出图中轮廓。单击【创建新图层】，将图层命名为【2】。
选择【钢笔工具】，在图上单击右键选择【填充路径】，【使用】→【前景色】，

之后单击右键选择【建立选区】，单击【确定】，按 Ctrl+D 快捷键取消选择。

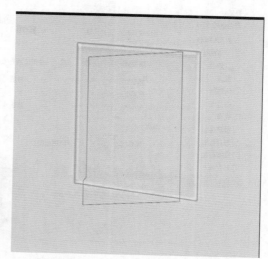

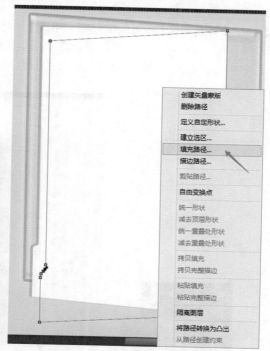

17 选择图层【2】，单击右键，选择【混合选项】，勾选【投影】，颜色色值为 1b1b1b，取消勾选【使用全局光】，角度为 -20 度，【距离】设置为 12 像素，【扩展】设置为 22%，【大小】设置为 6 像素，【等高线】→【高斯】。

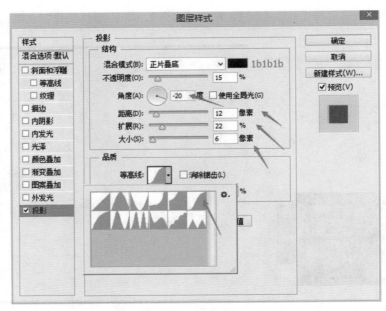

18 选择【钢笔工具】勾出图中轮廓。单击【创建新图层】，将图层命名为【3】。选择【钢笔工具】，在图上单击右键选择【填充路径】，【使用】→【前景色】，之后单击右键选择【建立选区】，单击【确定】，按 Ctrl+D 快捷键取消选择。

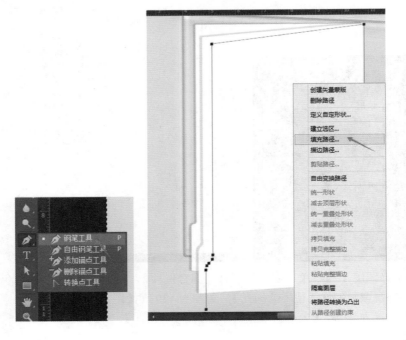

19 选择图层【3】，单击右键，选择【混合选项】，勾选【投影】，颜色色值为 1b1b1b，取消勾选【使用全局光】，角度为 -20 度，【距离】设置为 9 像素，【扩展】设置为 25%，【大小】设置为 26 像素，【等高线】→【高斯】。

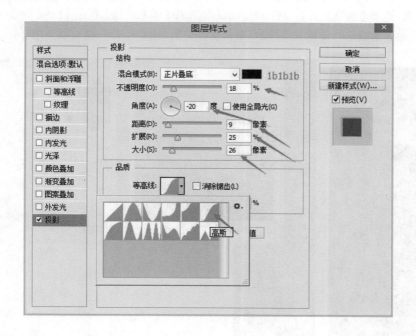

20 选择【钢笔工具】勾出图中轮廓。

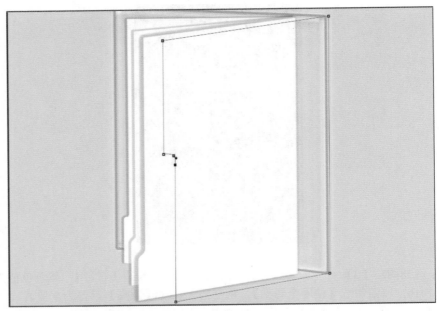

21 单击【设置前景色】，输入色值 009100。单击【创建新图层】，将图层命名为【前】，选择【钢笔工具】，在图上单击右键选择【填充路径】,【使用】→【前景色】，之后单击右键选择【建立选区】，单击【确定】，按 Ctrl+D 快捷键取消选择。

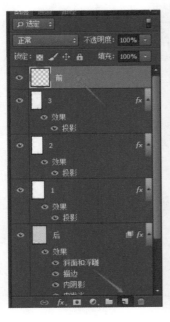

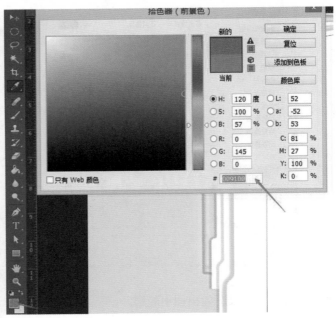

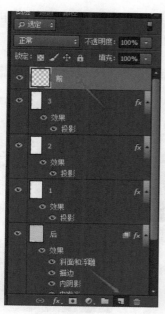

22 勾选【斜面和浮雕】,【样式】→【浮雕效果】,【方法】→【雕刻清晰】,【深
度】设置为 230%,【大小】设置为 25 像素, 取消勾选【使用全局光】,【角度】
设置为 26 度,【高度】设置为 30 度,【光泽等高线】→【锥形】, 取消勾选【消
除锯齿】,【高光模式】→【滤色】, 颜色色值为 0036ff,【阴影模式】→【正
片叠底】, 色值为 0090ff。勾选【等高线】,【等高线】→【高斯】。

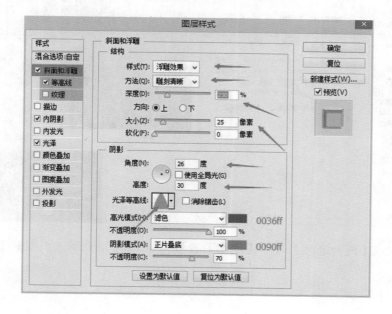

23 勾选【内阴影】，【混合模式】→【正片叠底】，颜色色值为 3fa7ff，【距离】设置为 24 像素，【阻塞】设置为 21%，【大小】设置为 21 像素。

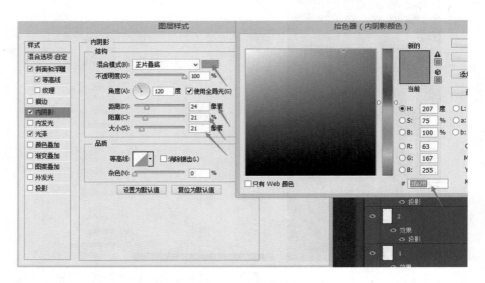

24 勾选【光泽】，【混合模式】→【正片叠底】，色值为 67b9ff，【距离】设置为 6 像素，【大小】设置为 7 像素，【等高线】→【高斯】，勾选【反相】。

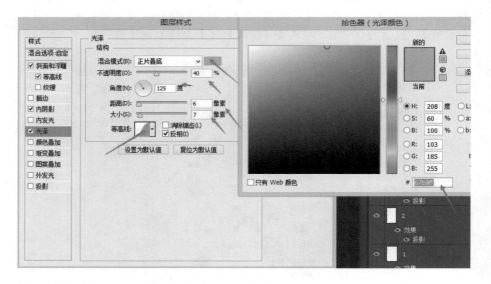

25 勾选【混合选项】，【不透明度】设置为 80%，【填充不透明度】设置为 20%。

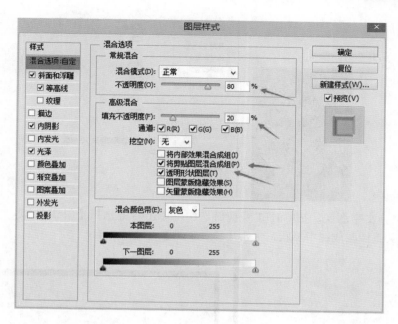

26 选择【横排文字工具】，在画板上打出文字，如图中所示，选择文字图层，单击右键，选择【栅格化文字】。

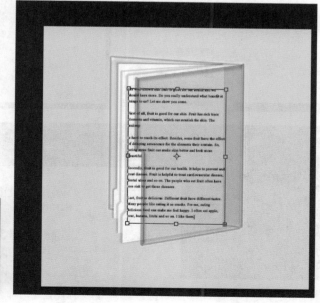

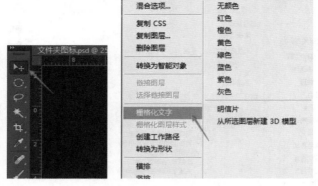

27 选择文字图层，按 Ctrl+T 快捷键选中，单击右键选择【斜切】，将文字的透视关系调整成图中形状，单击【移动工具】→【应用】。

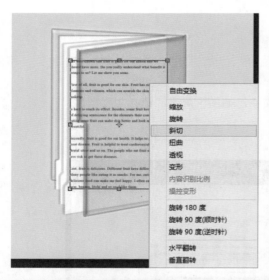

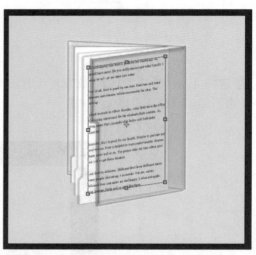

28 选择文字图层，单击右键，选择【复制图层】，命名为【文字复制】。

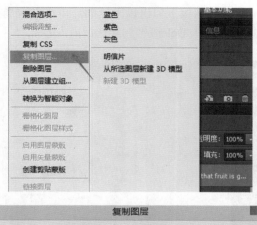

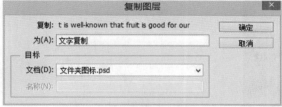

29 选择文字图层，选择【滤镜】→【模糊】→【高斯模糊】,【半径】设置为 4.0 像素。

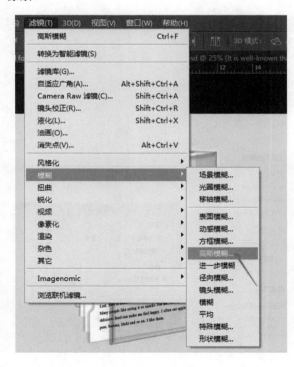

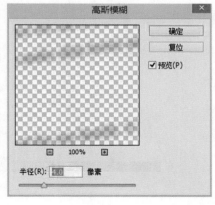

30 选择【钢笔工具】，在画板上勾出以下轮廓，单击右键选择【建立选区】，选择图层【文字复制】，单击 Delete 键删除选框内内容。

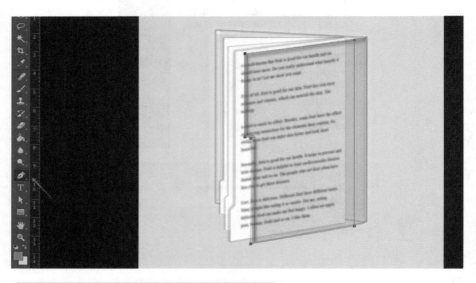

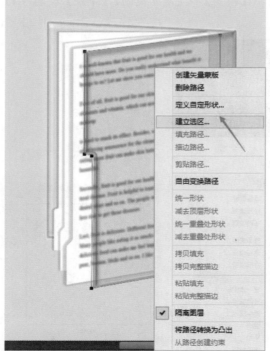

31 选择文字图层，单击【选择】→【反向】，单击 Delete 键删除选框内内容。

选择【滤镜】→【模糊】→【高斯模糊】，【半径】设置为 1.2 像素。

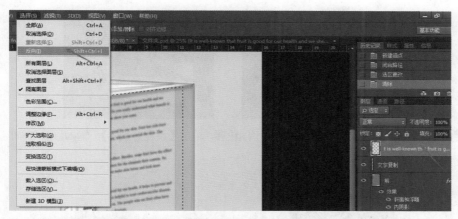

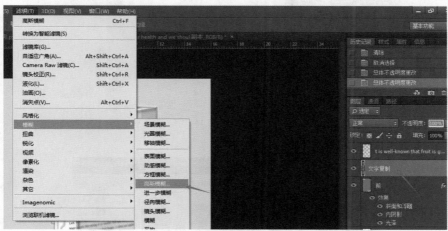

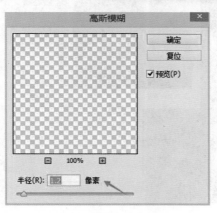

32 选择文字图层,将【不透明度】修改为 65%;选择图层【文字复制】,将【不透明度】修改为 80%。

33 选择【钢笔工具】,在画板上勾出下图轮廓,单击【设置前景色】,输入色值 008aff。

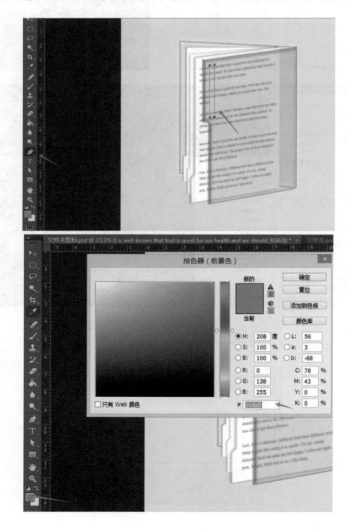

34 单击【创建新图层】，将图层命名为【条】。选择【钢笔工具】，在图上单击右键选择【填充路径】，【使用】→【前景色】，之后单击右键选择【建立选区】，单击【确定】，按 Ctrl+D 快捷键取消选择。选择图层【条】，将【不透明度】修改为 65%。

35 选择【钢笔工具】，画出图中轮廓。单击【设置前景色】，输入色值 ffffff。单击【创建新图层】，将图层命名为【高光】。选择【钢笔工具】，在图上单击右键选择【填充路径】，【使用】→【前景色】，之后单击右键选择【建立选区】，单击【确定】，按 Ctrl+D 快捷键取消选择。

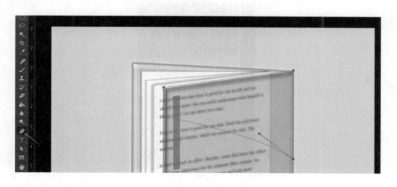

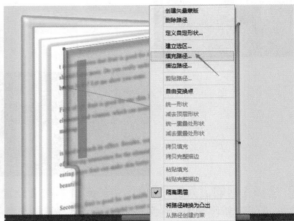

36 选择图层【高光】，将【不透明度】修改为 35%。

37 制作完成。

第10章
制作一个充满质感的光盘图标

01 打开 PS，单击【文件】→【新建】。【名称】命名为钥匙和光盘，【宽度】和【高度】都设置为 16 厘米，【分辨率】为 300，【颜色模式】为 RGB。

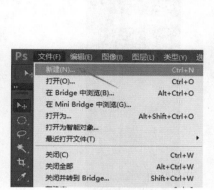

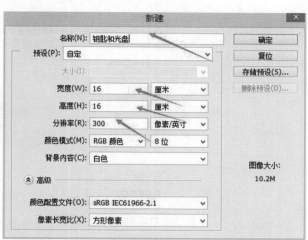

02 双击图层【背景】，【名称】命名为背景，选择图层【背景】，单击右键选择【混合选项】，勾选【渐变叠加】，【样式】→【线性】，【角度】选择 90度，单击【渐变】的色条，从左至右的色标，【颜色】色值分别为 e0e8eb/fbffff/d6d6d6，【位置】0%/41%/100%。

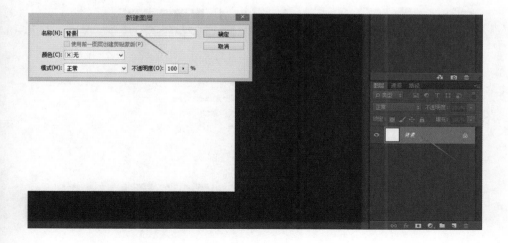

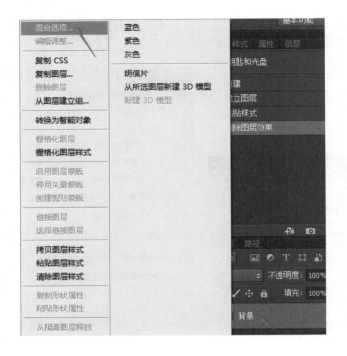

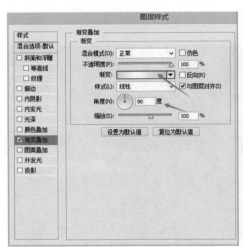

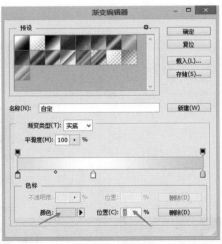

03 按 Ctrl+R 快捷键调出标尺，将参考线横向和纵向都拉到 8 厘米的位置，单击【设置前景色】将色值更改为 ffffff。

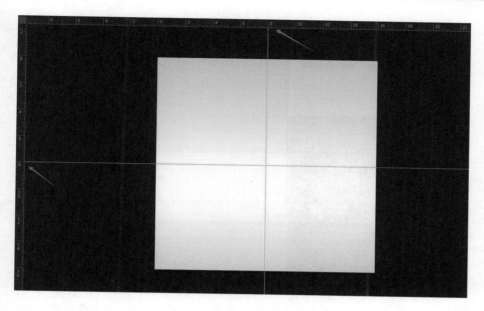

[04] 选择【椭圆工具】，单击参考线的交点处，【宽度】和【高度】都设置为12.75 厘米，勾选【从中心】，画出一个正圆形，将图层命名为【反光】。

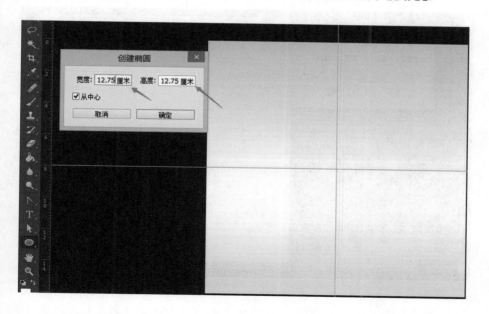

[05] 选择【椭圆工具】，单击参考线的交点处，【宽度】和【高度】都设置为10.25 厘米，勾选【从中心】，画出一个正圆形，将图层命名为【灰】。

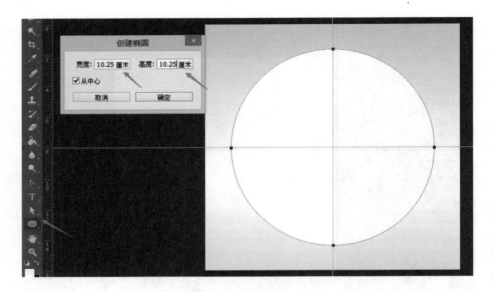

06 选择【椭圆工具】，单击参考线的交点处，【宽度】和【高度】都设置为 4.5 厘米，勾选【从中心】，画出一个正圆形，将图层命名为【内部灰】。

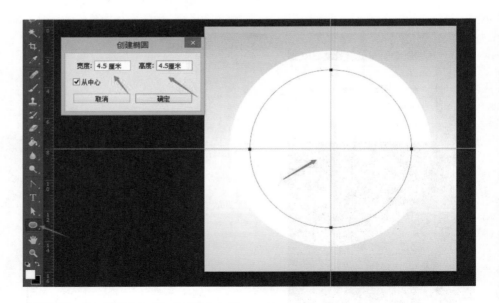

07 选择【椭圆工具】，单击参考线的交点处，【宽度】和【高度】都设置为 4 厘米，勾选【从中心】，画出一个正圆形，将图层命名为【中心 1】。

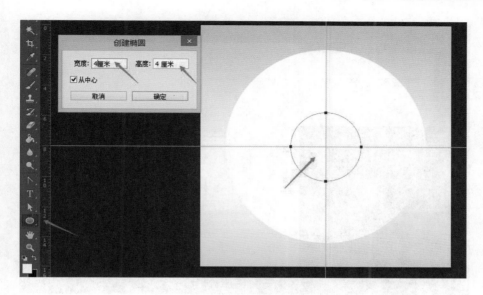

08 选择【椭圆工具】，单击参考线的交点处，【宽度】和【高度】都设置为 3.35 厘米，勾选【从中心】，画出一个正圆形，将图层命名为【中心 2】。

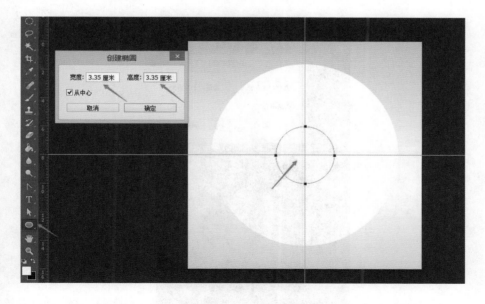

09 选择【椭圆工具】，单击参考线的交点处，【宽度】和【高度】都设置为 2.7 厘米，勾选【从中心】，画出一个正圆形，将图层命名为【中心 3】。

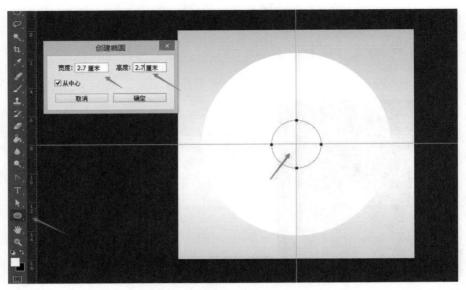

10 选择【椭圆工具】，单击参考线的交点处，【宽度】和【高度】都设置为 1.5 厘米，勾选【从中心】，画出一个正圆形，将图层命名为【中心】。

11 选择图层【中心】，单击右键，选择【混合选项】，勾选【描边】，【大小】设置

为 7 像素,【位置】→【外部】,【不透明度】设置为 65%,【颜色】色值为 000000。

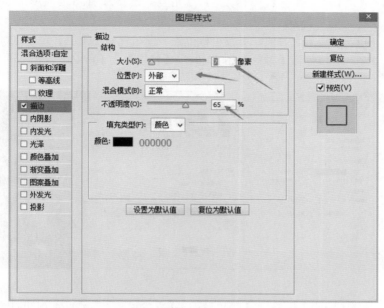

12 勾选【中心 3】,【大小】设置为 5 像素,【位置】→【外部】,【不透明度】设置为 56%,【填充类型】→【渐变】,【角度】设置为 30 度。单击【渐变】旁的色条,单击颜色条添加色标,单击色标再单击下方【颜色】旁的色板,输入色值,单击【位置】数值,更改色标位置。左边色标【颜色】为 7a8081,【位置】为 0%;右边色标【颜色】为 d0e0e2,【位置】为 100%。

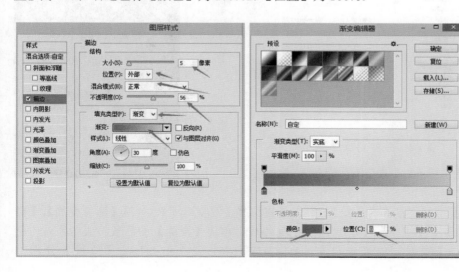

13 勾选【中心 2】,【大小】设置为 7 像素,【位置】→【外部】,【不透明度】设置为 56%,【填充类型】→【渐变】,【角度】设置为 -120 度。单击【渐变】旁的色条,单击颜色条添加色标,单击色标再单击下方【颜色】旁的色板,输入色值,单击【位置】数值,更改色标位置。左边色标【颜色】为 000000,【位置】为 0%;右边色标【颜色】为 d0e0e2,【位置】为 100%。

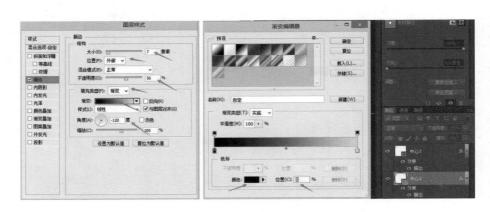

14 选择图层【中心 1】,勾选【颜色叠加】,【混合模式】色值设置为 d0e0e2,【不透明度】设置为 100%。

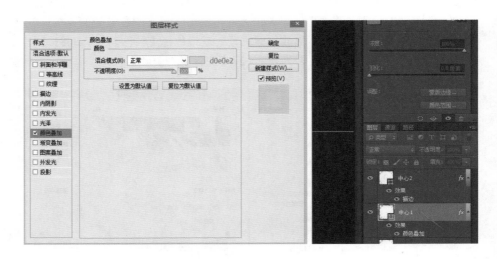

15 选择图层【内部灰】,单击右键选择【混合选项】,勾选【渐变叠加】,【样式】→【线性】,【角度】设置为 90 度,单击【渐变】的色条,从左至右的色标,【颜色】色值分别为 4a4a4a/7a7a7a/646464/8b9697/4a4a4a,【位置】分别为 0%/25%/50%/78%/100%。

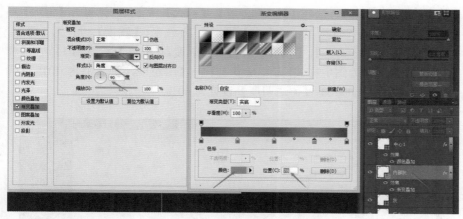

16 勾选【颜色叠加】,【混合模式】色值设置为 c5c5cc,【不透明度】设置为
100%。将图层【灰】的【不透明度】设置为 60%。

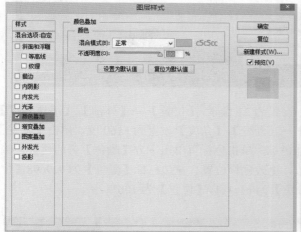

17 选择图层【反光】，选择【斜面和浮雕】，【样式】→【描边浮雕】，【方法】→【平滑】，【深度】设置为 1%，【大小】设置为 16 像素，【软化】设置为 4 像素，取消勾选【使用全局光】，【角度】设置为 -90 度，【高度】设置为 25 度，【光泽等高线】调整为图中样式，【高光模式】→【颜色减淡】色值为 ffffff，【阴影模式】色值为 bdbdbd，【不透明度】设置为 60%。

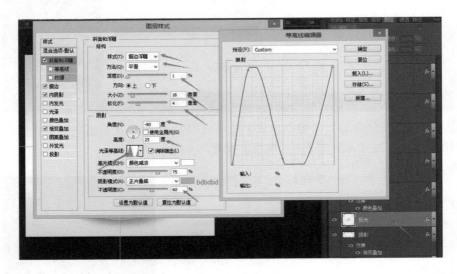

18 勾选【描边】，【大小】设置为 21 像素，【位置】→【外部】，【不透明度】设置为 100%，【填充类型】→【渐变】，【角度】设置为 -160 度，单击【渐变】旁的色条，单击颜色条添加色标，单击色标再单击下方【颜色】旁的色板，输入色值，单击【位置】数值，更改色标位置。左边色标【颜色】为 9e9c98，【位置】为 0%；右边色标【颜色】为 e1e1e1，【位置】为 100%。

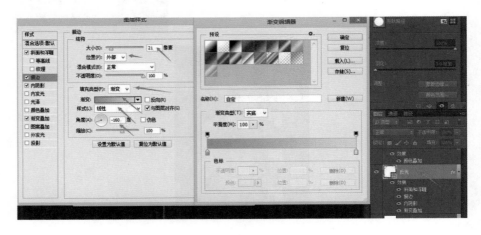

19 勾选【内阴影】,【混合模式】→【叠加】,单击色板,色值为 ffffff,【不透明度】设置为 45%,取消勾选【使用全局光】,【角度】设置为 90 度,【距离】设置为 5 像素,【阻塞】设置为 100%,【大小】设置为 3 像素。

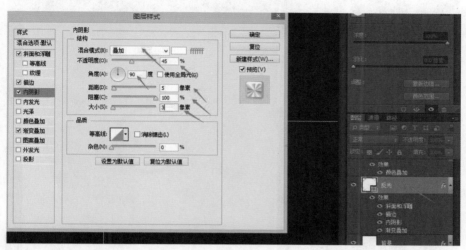

20 勾选【渐变叠加】,【样式】→【线性】,【角度】设置为 90 度,单击【渐变】的色条,从左至右的色标,【颜色】色值分别为 afafbb/ffffff/afafbb/eeeeee/afafbb/b5e4fe/7d86ff/f2adbf/f9faef/cecad2/ffffff/afafbb/f1f1f1/a0a0a0/b5e4fe/7d86ff/f2adbf/ffffff/afafbb,【位置】分别为 0%/5%/10%/15%/18%/26%/29%/35%/41%/49%/56%/61%/65%/68%/72%/79%/83%/89%/100%。

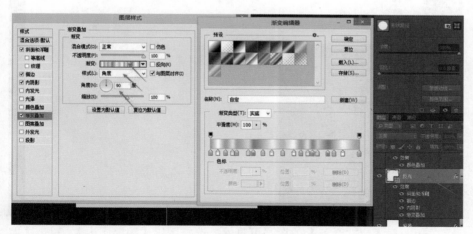

21 选择【椭圆工具】,单击画板,【宽度】和【高度】设置均为 1.5 厘米,画出一个正圆形,将图层命名为【钥匙圆内】。选择【椭圆工具】,单击画板,

【宽度】和【高度】设置均为 2.5 厘米，画出一个正圆形，将图层命名为【钥匙圆外】。

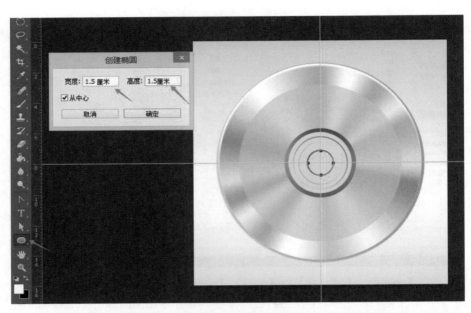

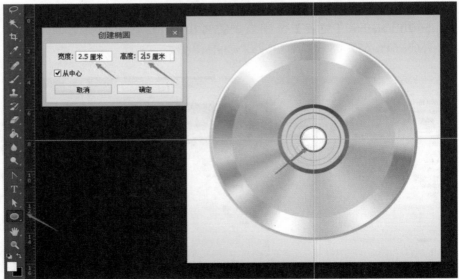

22 关闭图层【钥匙圆外】的图层可见性，选择图层【钥匙圆内】，单击【魔棒工具】选择白色小圆，建立选区。选择图层【钥匙圆外】并打开图层可见性，删除图层【钥匙圆内】。选择图层【钥匙圆外】，单击右键选择【栅格化图层】，

单击 Delete 键。

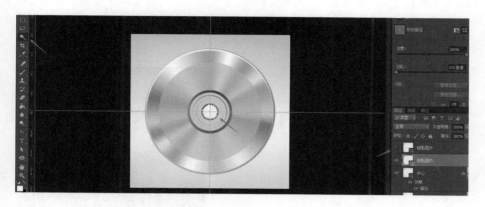

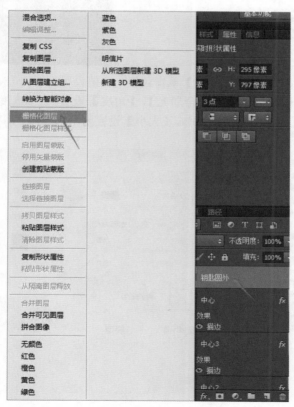

23 选择图层【钥匙圆外】，单击右键选择【混合选项】，选择【斜面和浮雕】，
勾选【等高线】→【锥形—反转】，【样式】→【内斜面】，【方法】→【平滑】，【深

度】设置为 205%,【大小】设置为 20 像素,【软化】设置为 16 像素，取消勾选【使用全局光】,【角度】设置为 -35 度,【高度】设置为 50 度,【光泽等高线】→【高斯】,【高光模式】→【实色混合】,【阴影模式】色值设置为 743707,【不透明度】设置为 60%。

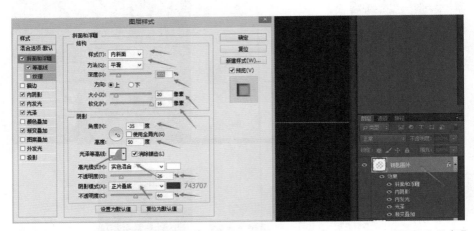

24 勾选【内阴影】,【混合模式】单击色板，色值设置为 8d4b15,【不透明度】设置为 75%，取消勾选【使用全局光】,【角度】设置为 -105 度,【距离】设置为 8 像素,【阻塞】设置为 30%,【大小】设置为 18 像素。

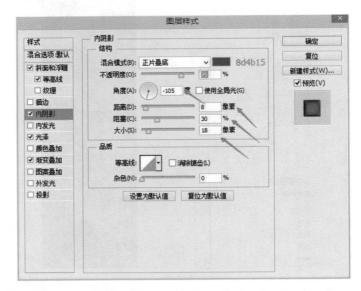

25 勾选【内发光】,【混合模式】→【滤色】,【不透明度】设置为 30%，单击颜色色板，色值设置为 383832,【等高线】→【半圆】。

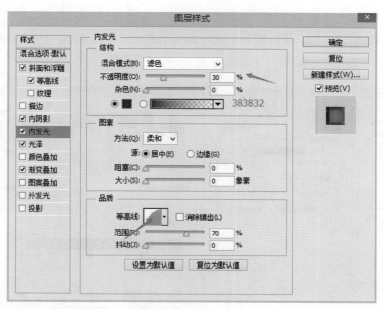

26 勾选【光泽】,【混合模式】色值设置为 fbc772,【不透明度】设置为 50%,【角度】设置为 145 度,【距离】设置为 31 像素,【大小】设置为 18 像素,【等高线】→【高斯】。

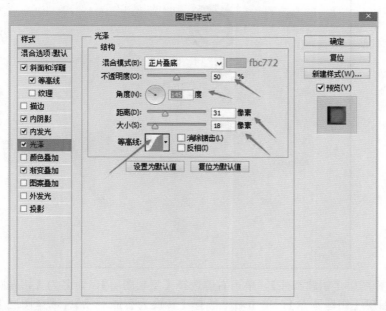

27 勾选【渐变叠加】,【样式】→【线性】,【角度】选择 0 度,单击【渐变】

的色条，从左至右的色标，【颜色】色值分别设置为 89531a/7c3f11/995c23/ca7b3f/f1bb7a/f8b34d，【位置】分别为 21%/48%/60%/75%/83%/91%，得到立体圆环。

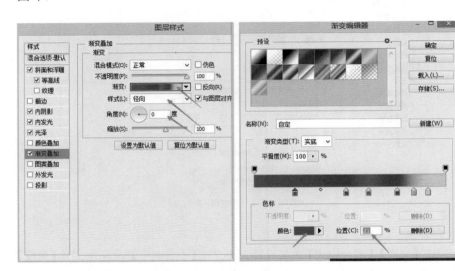

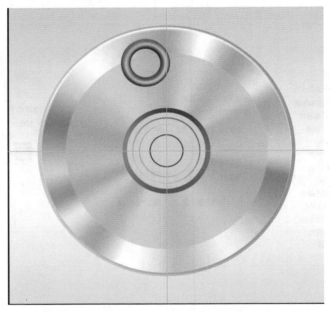

28 选择图层【钥匙圆外】，单击右键选择【复制图层】，命名为【钥匙圆左】。选择图层【钥匙圆左】，单击右键选择【转换为智能对象】。选择图层【钥匙圆左】，单击右键选择【栅格化图层】。

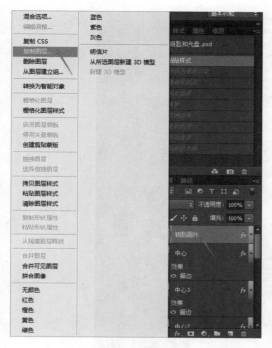

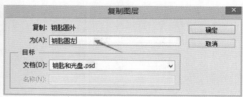

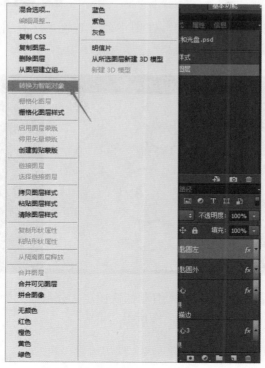

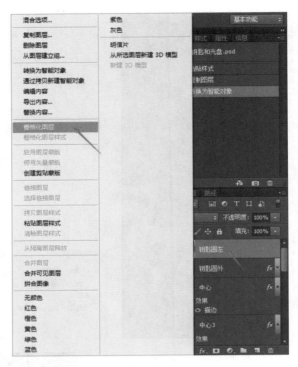

29 选择【矩形选框工具】，在图中建立选区，选择图层【钥匙圆左】，按
Delete 键删除选中的部分。

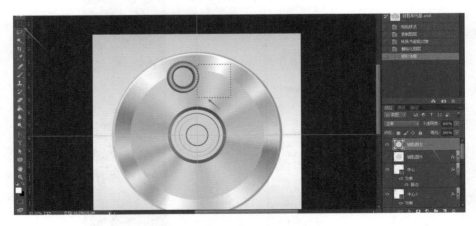

30 选择图层【钥匙圆左】，复制两次图层，分别命名为【钥匙圆上】和【钥
匙圆右】，调整图层顺序如下图所示。

选择图层【钥匙圆右】，按 Ctrl+T 快捷键选中，单击右键选择【水平翻转】，移动到图中位置。

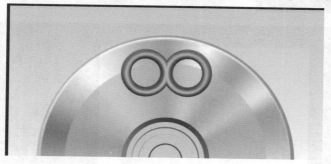

31 选择图层【钥匙圆上】，按 Ctrl+T 快捷键选中，按住 Shift 键顺时针旋转 90 度，单击【移动工具】，选择【应用】。选择【矩形选框工具】，在图中建立选区。选择图层【钥匙圆上】，单击 Delete 键删除选中的部分，得到图中效果。

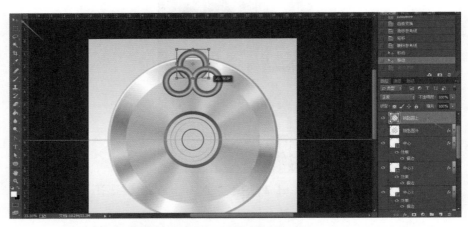

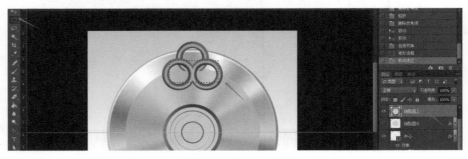

32 选择【钢笔工具】勾出图中轮廓。单击【创建新图层】，将图层命名为【连接球】。
选择【钢笔工具】，在图上单击右键选择【填充路径】，【使用】→【前景色】。

33 选择图层【连接球】，单击右键选择【混合选项】，选择【斜面和浮雕】，
【样式】→【内斜面】，【方法】→【平滑】，【深度】设置为430%，【大小】设
置为54像素，【软化】设置为16像素，取消勾选【使用全局光】，【角度】设
置为90度，【高度】设置为42度，【光泽等高线】→【高斯】，【高光模式】→【颜
色减淡】，色值设置为331501，【阴影模式】色值设置为e59d35，【不透明度】
设置为60%。

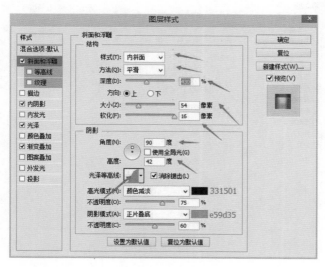

34 勾选【内阴影】,【混合模式】右侧单击色板,色值设置为8a4115,【不透明度】设置为80%,取消勾选【使用全局光】,【角度】设置为90度,【距离】设置为26像素,【阻塞】设置为39%,【大小】设置为30像素。

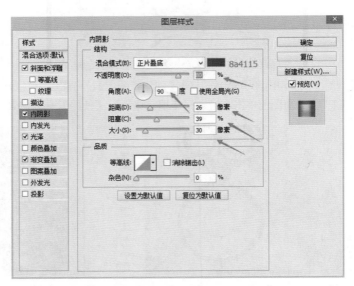

35 勾选【光泽】,【混合模式】色值设置为e5c069,【不透明度】设置为50%,【角度】设置为19度,【距离】设置为11像素,【大小】设置为14像素,【等高线】→【高斯】。

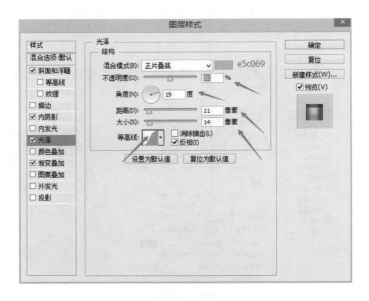

36 勾选【渐变叠加】,【样式】→【线性】,【角度】设置为 0 度,单击【渐变】的色条,从左至右的色标,【颜色】色值分别为 ce9a2e/86350d/86350d/f2ebbf/f2e197/b2681f/b2681f/debc2f/e5ca30/cc9d5d,【位置】分别为 0%/11%/22%/32%/38%/65%/74%/90%/95%/100%。

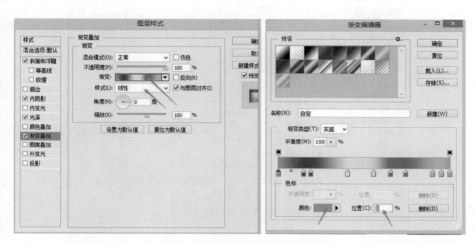

37 选择【钢笔工具】勾出图中轮廓。单击【创建新图层】,将图层命名为【连接圆柱】。选择【钢笔工具】,在图上单击右键选择【填充路径】,【使用】→【前景色】。

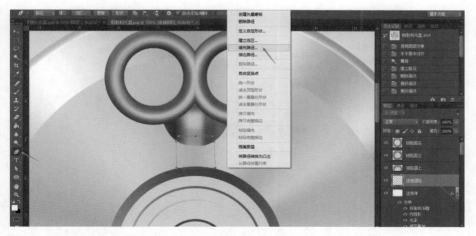

38 选择图层【圆柱连接】,单击右键选择【混合选项】,选择【斜面和浮雕】,【样式】→【内斜面】,【方法】→【平滑】,【深度】设置为 130%,【大小】设置为 0 像素,【软化】设置为 0 像素,取消勾选【使用全局光】,【角度】设置为-12度,【高度】设置为 25 度,【光泽等高线】→【高斯】,【高光模式】→【颜色减淡】,

【阴影模式】色值设置为 bdbdbd，【不透明度】设置为 60%。

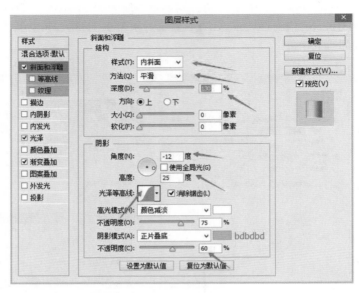

39 勾选【光泽】,【混合模式】色值设置为 e5c069,【不透明度】设置为 50%,【角度】设置为 19 度,【距离】设置为 11 像素,【大小】设置为 15 像素,【等高线】→【高斯】。

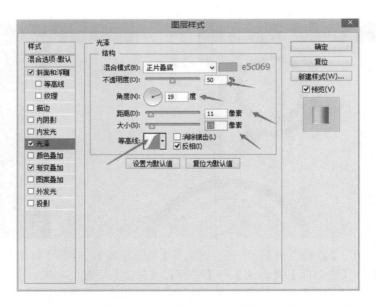

40 勾选【渐变叠加】,【样式】→【线性】,【角度】设置为 0 度，单击【渐变】

的色条，从左至右的色标，【颜色】色值分别为 ce9a2e/86350d/86350d/f2ebbf/
f2e197/b2681f/b2681f/debc2f/e5ca30/cc9d5d，【位置】分别为 0%/10%/15%/33%/
45%/65%/74%/90%/95%/100%。

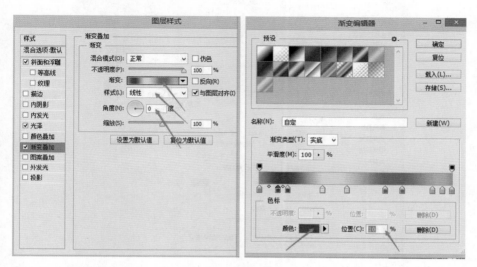

41 选择【椭圆工具】，单击画板，【宽度】设置为 0.97 厘米，【高度】设置为 0.4
厘米，画出一个椭圆形，将图层命名为【连接球 2】。

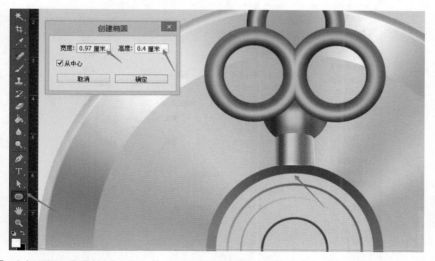

42 选择图层【连接球 2】，单击右键选择【混合选项】，选择【斜面和浮雕】，
【样式】→【内斜面】，【方法】→【平滑】，【深度】设置为 865%，【大小】设
置为 140 像素，【软化】设置为 0 像素，取消勾选【使用全局光】，【角度】设

置为 120 度,【高度】设置为 25 度,【高光模式】→【颜色减淡】色值设置为
40392e,【阴影模式】色值设置为 bdbdbd,【不透明度】设置为 60%。

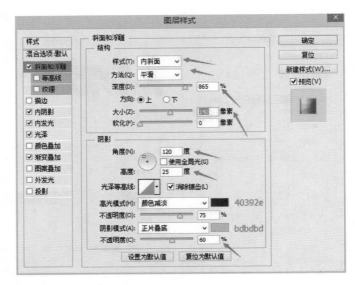

43 勾选【内阴影】,【混合模式】右侧单击色板,色值设置为 c67615,【不透
明度】设置为 75%,取消勾选【使用全局光】,【角度】设置为 180 度,【距离】
设置为 5 像素,【阻塞】设置为 0%,【大小】设置为 5 像素。

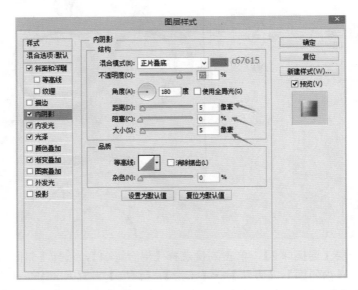

44 勾选【内发光】,【混合模式】→【滤色】,单击颜色色板,色值设置为

ffffbe,【大小】设置为 6 像素。

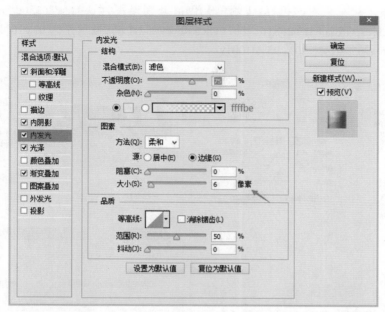

45 勾选【光泽】,【混合模式】色值设置为 e5c069,【不透明度】设置为 50%,【角度】设置为 19 度,【距离】设置为 11 像素,【大小】设置为 15 像素,【等高线】→【高斯】。

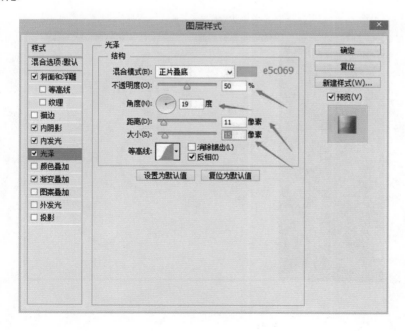

46 勾选【渐变叠加】，【样式】→【线性】，【角度】设置为 0 度，单击【渐变】的色条，从左至右的色标，【颜色】色值分别设置为 ce9a2e/86350d/86350d/f2ebbf/f2e197/b2681f/b2681f/debc2f/e5ca30/cc9d5d，【位置】分别为 0%/10%/15%/33%/45%/65%/74%/90%/95%/100%。

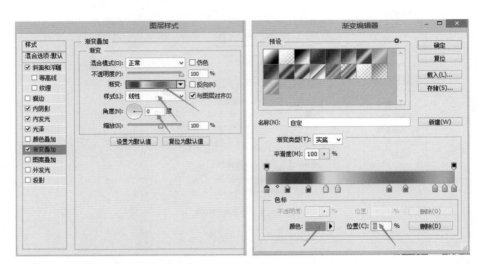

47 选择【钢笔工具】勾出图中轮廓。单击【创建新图层】，将图层命名为【钥匙杆】。选择【钢笔工具】，在图上单击右键选择【填充路径】，【使用】→【前景色】。

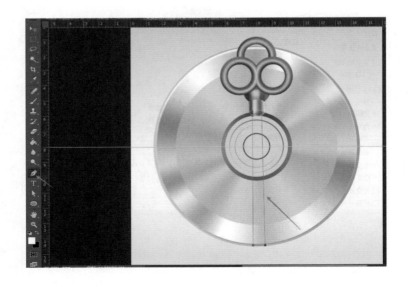

48 选择图层【连接圆柱】，单击右键，选择【拷贝图层样式】。选择图层【钥匙杆】，单击右键，选择【粘贴图层样式】。得到图中效果。

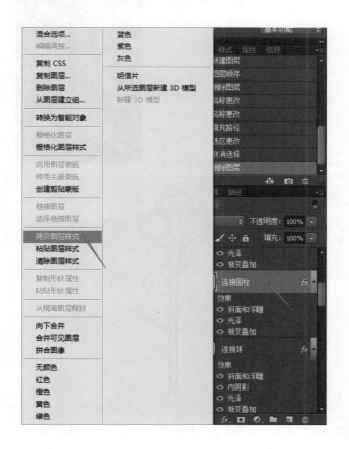

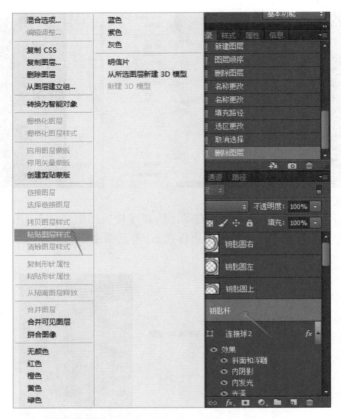

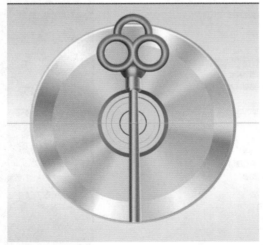

49 选择【椭圆工具】，单击画板，【宽度】和【高度】均设置为 0.9 厘米，画出一个正圆形，将图层命名为【尖】。

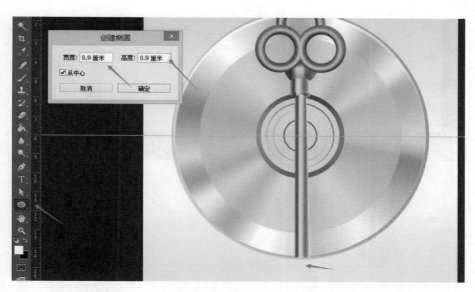

50 选择图层【尖】，单击右键选择【混合选项】，勾选【渐变叠加】，【样式】→【角度】，【角度】设置为−180度，单击【渐变】的色条，从左至右的色标，【颜色】色值分别为 b58147/a4470a/ebc175/f3be7a/be6100/b06a14/bf5702/c3862d，【位置】分别为 0%/10%/19%/22%/29%/34%/45%/100%。

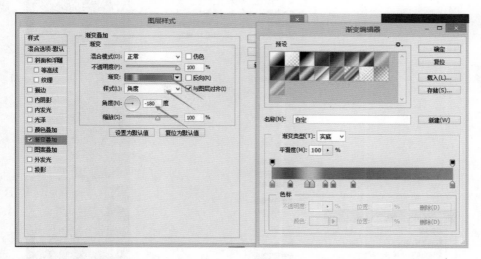

51 选择【钢笔工具】勾出图中轮廓。选择图层【尖】，选择【钢笔工具】，在图上单击右键选择【建立选区】，单击【选择】→【反向】。选择图层【尖】，单击右键选择【转换为智能对象】，单击右键选择【栅格化图层】。单击 Delete 键，得到图中效果。

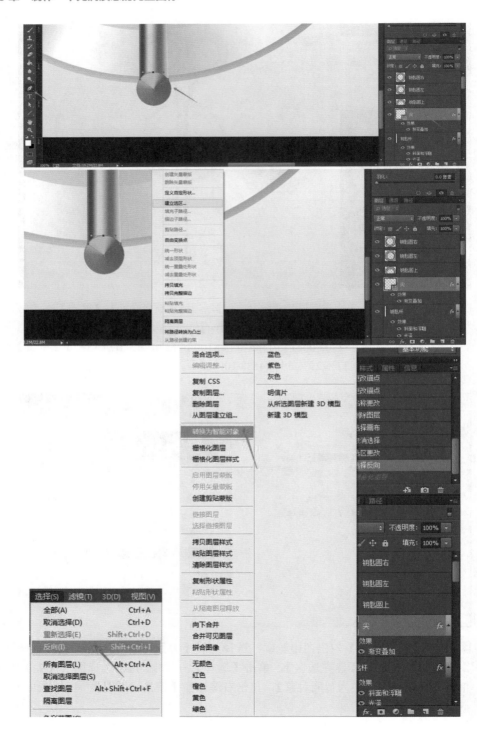

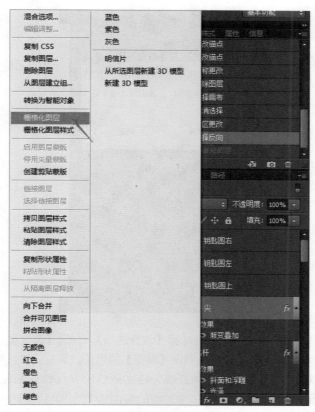

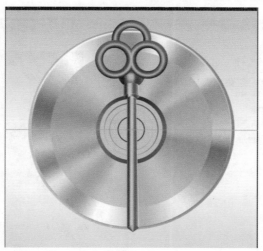

52 选择【矩形工具】，单击画板，【宽度】设置为 0.35 厘米，【高度】设置为 3.25 厘米，画出一个椭圆形，将图层命名为【长方形】。

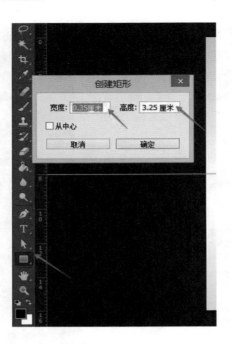

53 选择图层【长方形】，单击右键选择【混合选项】，勾选【渐变叠加】，【样式】
→【线性】，【角度】设置为90度，单击【渐变】的色条，从左至右的色标，【颜色】
色值分别为 c99129/dab872/b58023/cb9c43/d9a853/b5761e/c88b2a/cf9d56/cea844/
f8dc9c，【位置】分别为 0%/26%/36%/38%/62%/64%/77%/80%/88%/100%。

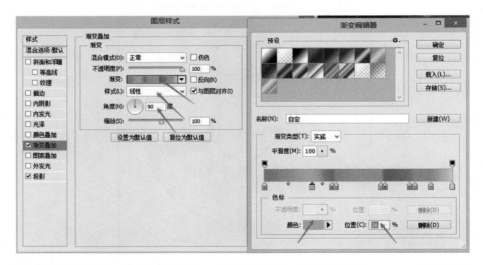

54 勾选【投影】，【混合模式】→【正片叠底】，颜色色值为 773c0b，【不透明

度】设置为 100%，【角度】设置为 45 度，【距离】设置为 5 像素，【扩展】设
置为 100%，【大小】设置为 3 像素。得到图中效果。

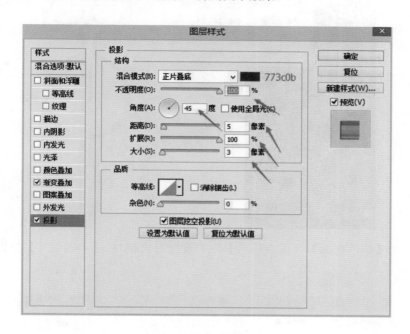

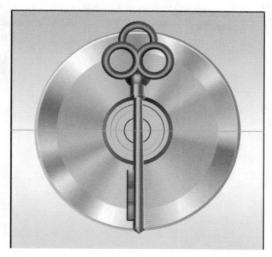

55 选择【椭圆工具】，单击画板，【宽度】设置为 0.15 厘米，【高度】设置
为 1.05 厘米，画出一个椭圆形，将图层命名为【连接长方形】。

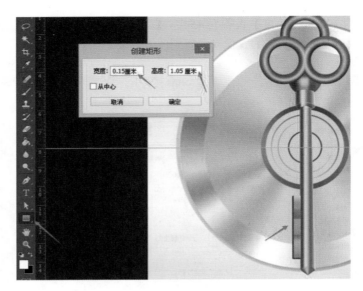

56 勾选【颜色叠加】,【混合模式】色值设置为 bb6618,【不透明度】设置为 100%。

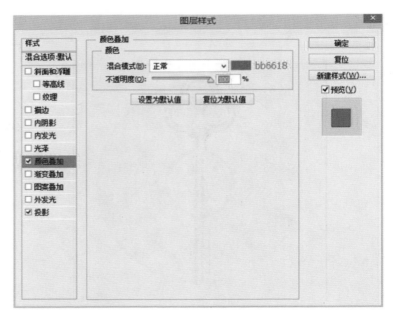

57 勾选【投影】,【混合模式】→【正片叠底】,颜色色值为 1b1b1b,【不透明度】设置为 90%,【角度】设置为 45 度,【距离】设置为 5 像素,【扩展】设置为 100%,【大小】设置为 4 像素。

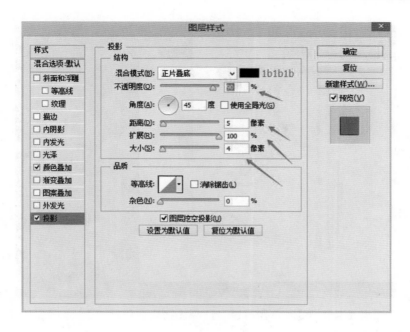

58 选择【钢笔工具】勾出图中轮廓。单击【创建新图层】,将图层命名为【右高光】。选择【钥匙锯齿】,在图上单击右键选择【填充路径】,【使用】→【前景色】。

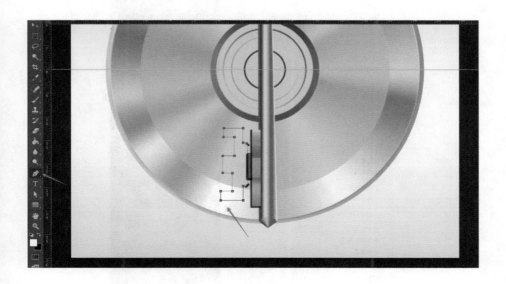

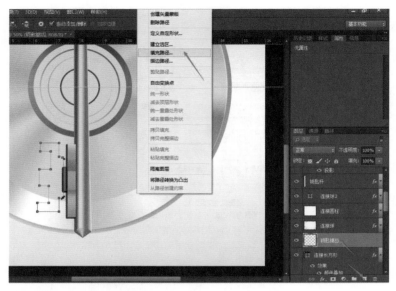

59 选择图层【长方形】，单击右键，选择【拷贝图层样式】。选择图层【钥匙锯齿】，单击右键，选择【粘贴图层样式】，得到图中效果。

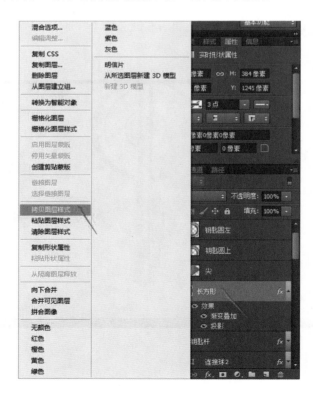

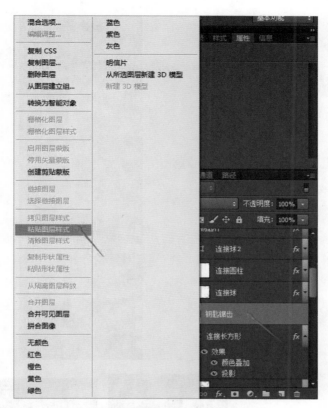

60 按住 Shift 键，同时选中钥匙的所有图层，（包括图层【钥匙圆右】、【钥匙圆左】、【钥匙圆上】、【尖】、【长方形】、【钥匙杆】、【连接球 2】、【连接圆柱】、【连接球】、【连接锯齿】、【连接长方形】），单击右键选择【复制图层】，将得到的"拷贝"图层全选，单击右键选择【合并图层】，重新命名为【钥匙阴影】，并将【填充】设置为 0%。

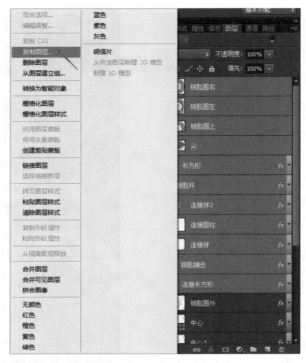

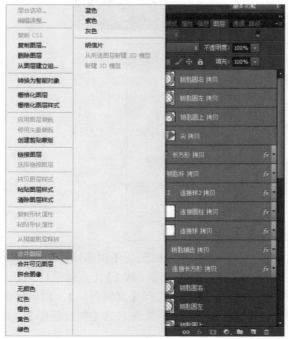

61 选择图层【钥匙阴影】，单击右键选择【混合选项】，勾选【投影】，【混合模式】→【正片叠底】，【不透明度】设置为 40%,【角度】设置为 45 度,【距离】设置为 26 像素,【扩展】设置为 28%,【大小】设置为 26 像素。

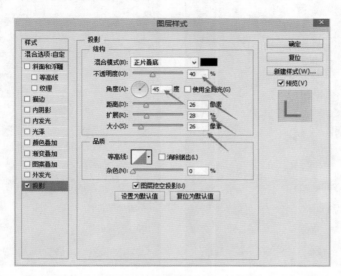

62 按住 Shift 键，同时选中钥匙的所有图层，（包括图层【钥匙圆右】、【钥匙圆左】、【钥匙圆上】、【尖】、【长方形】、【钥匙杆】、【连接球 2】、【连接圆柱】、【连接球】、【连接锯齿】、【连接长方形】、【钥匙阴影】），单击右键选择【复制图层】，单击【创建新组】，命名为【钥匙智能对象】，将得到的"拷贝"图层全选，拉到组【钥匙智能对象】里，并关闭图层【钥匙圆右】、【钥匙圆左】、【钥匙圆上】、【尖】、【长方形】、【钥匙杆】、【连接球 2】、【连接圆柱】、【连接球】、【连接锯齿】、【连接长方形】、【钥匙阴影】的图层可见性。

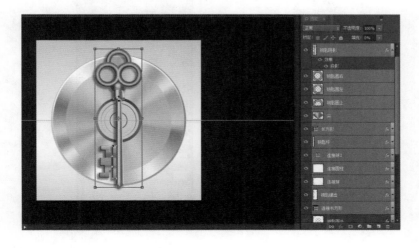

63 按住 Shift 键选中组【钥匙智能对象】里的所有图层，单击右键选择【转换为智能对象】，得到图层【钥匙阴影 拷贝】。

64 选择图层【钥匙阴影 拷贝】，按 Ctrl+T 快捷键选中，按住 Shift 键逆时针旋转 45 度，单击【移动工具】选择【置入】，得到图中效果。

65 选择【椭圆工具】，单击画板，【宽度】设置为 9.2 厘米，【高度】设置为 3.6 厘米，画出一个椭圆形，将图层命名为【阴影】。

选择图层【阴影】，单击右键选择【混合选项】，勾选【渐变叠加】，
【样式】→【线性】，【角度】设置为 76 度，单击【渐变】的色条，
选择【黑、白渐变】。

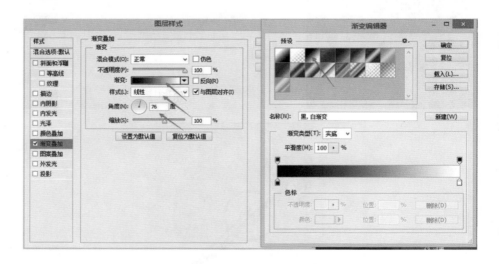

66 选择图层【阴影】，单击【滤镜】→【模糊】→【高斯模糊】，单击【确定】，
【半径】设置为 35.0 像素。将图层【阴影】的【不透明度】设置为 45%，得到
图中效果。

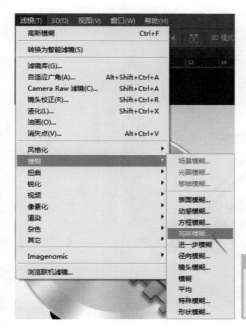

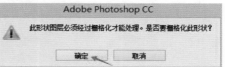

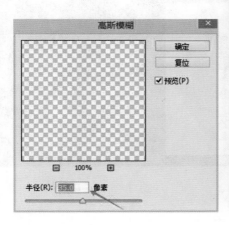

67 选择图层【中心】，选择【魔棒工具】，选中图中区域，将图层【中心】、【中心 3】、【中心 2】、【中心 1】、【内部灰】、【灰】、【反光】全部选中，单击右键选择【栅格化图层】。分别选中图层【中心 3】、【中心 2】、【中心 1】、【内部灰】、【灰】、【反光】，按 Delete 键。

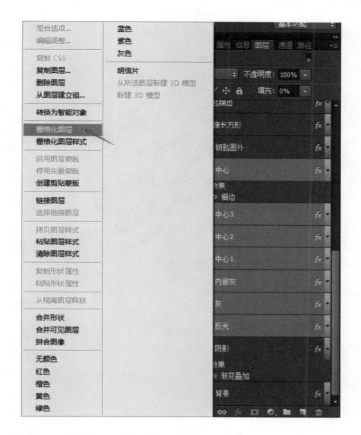

68 选择【椭圆选框工具】，在图中建立选区，选择图层【反光】，按 Delete 键。

69 制作完成。

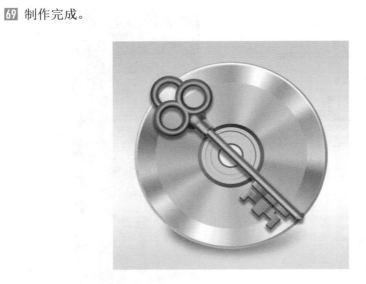